塔式起重机驾驶员读本

主 编 高忠民

金盾出版社

内 容 提 要

本书结合当前广泛使用的水平起重臂变幅小车自升式塔式起重机,较全面地介绍了塔式起重机的零部件、钢结构和工作机构、液压顶升系统、电气设备、安全装置,并着重叙述了塔式起重机的安装和拆卸、塔式起重机的安全使用、塔式起重机驾驶员操作技术、塔式起重机的维护、保养和常见故障的排除以及塔式起重机的事故原因和防范措施。

本书可作为塔式起重机驾驶员的培训教材和职业院校相关专业的教学参考书,也可作为相关专业的工程技术人员参考用书。

图书在版编目(CIP)数据

塔式起重机驾驶员读本/高忠民主编. -- 北京:金盾出版社,2012.10
ISBN 978-7-5082-7746-2

Ⅰ.①塔… Ⅱ.①高… Ⅲ.①塔式起重机—技术培训—教材 Ⅳ.
①TH213.3

中国版本图书馆 CIP 数据核字(2012)第 153415 号

金盾出版社出版、总发行
北京太平路 5 号(地铁万寿路站往南)
邮政编码:100036 电话:68214039 83219215
传真:68276683 网址:www.jdcbs.cn
封面印刷:北京精美彩色印刷有限公司
正文印刷:北京万友印刷有限公司
装订:北京万友印刷有限公司
各地新华书店经销
开本:705×1000 1/16 印张:13.75 字数:258 千字
2012 年 10 月第 1 版第 1 次印刷
印数:1~5 000 册 定价:32.00 元

前　言

　　塔式起重机具有高大直立的钢结构塔身和较长的起重臂,而且起重臂安装在塔身上部,因此起升高度高、工作幅度大,并通过全回转和沿轨道行走,从而具有较大的作业空间。塔式起重机是大规模工业与民用建筑尤其是高层和超高层建筑施工中完成建筑构件和材料吊运工作的主要机械设备。塔式起重机驾驶员是建筑施工现场起重、安装的核心和特种作业人员。我国《安全生产法》明确规定:"生产经营单位的特种作业人员必须按照国家有关规定经专门的安全作业培训,取得特种作业操作资格证书,方可上岗操作"。

　　本书根据建设部最新颁布的职业技能标准、职业技能鉴定规范和职业技能鉴定试题库编写。内容以当前广泛使用的水平起重臂变幅小车自升式塔式起重机为例,较全面地介绍了塔式起重机的零部件、工作机构、液压顶升系统、电气设备和安全装置等,着重叙述了塔式起重机的安装和拆卸、塔式起重机的安全使用、塔式起重机驾驶员操作技术、塔式起重机的维护、保养和常见故障的排除以及塔式起重机的事故原因和防范措施。本书突出针对性、实用性和可操作性的特点,力求通俗、易懂、系统,既满足培训要求,又满足安全生产的需要。

　　本书由高忠民主编,参加编写的人员还有吴玲、刘硕、高文君、刘雪涛。由于编者的水平有限,书中难免存在错误和不足之处,恳请读者和专家给予批评指正。

编　者

目　　录

第一章　塔式起重机零部件

第一节　钢　丝　绳

钢丝绳是塔式起重机上应用最广泛的挠性零件。一台超高层建筑施工用自升式塔式起重机，一般都配用 500～600m 甚至 1000m 的钢丝绳。钢丝绳的优点是：卷绕性好，承载能力大，对于冲击荷载的承受能力强；卷绕过程平稳，即使在卷绕速度大的情况下也无噪声；由于钢丝绳断裂是逐渐发生的，一般不会发生整根钢丝绳突然断裂的情况。因此，钢丝绳在矿井作业、建筑施工等生产中得到广泛应用。

针对塔式起重机的作业特点，要求钢丝绳不仅要具备较高的强度，而且必须兼有耐疲劳、抗磨损、抗扭转、抗锈蚀以及耐挤压等特性。

一、钢丝绳的分类

钢丝绳通常由多根直径为 0.3～0.4mm 的细钢丝捻成股，再由股捻成绳。由于细钢丝均为高强度钢丝，所以整根钢丝绳能够承受很大的破断拉力。根据 GB 8918—2006《重要用途钢丝绳》，钢丝绳有如下的分类。

1. 同向捻、交互捻和混合捻钢丝绳

根据钢丝绳捻制方法不同，可分为同向捻、交互捻和混合捻。同向捻钢丝绳是指钢丝捻成股的方向和股捻成绳的方向相同的钢丝绳。交互捻钢丝绳则是钢丝捻成股的方向和股捻成绳的方向相反。如绳是右捻，而股是左捻，则称为右交互捻钢丝绳，如图 1-1(a)所示；如绳是左捻，而股是右捻，则称为左交互捻钢丝绳，如图 1-1(b)所示。如果钢丝绕成股的方向和股捻成绳的方向一部分相同，

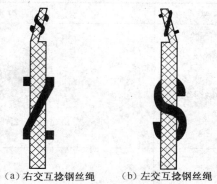

(a) 右交互捻钢丝绳　　(b) 左交互捻钢丝绳

图 1-1　交互捻钢丝绳

一部分相反，则称为混合捻钢丝绳。塔式起重机用的是交互捻钢丝绳，其特点是不易松散和扭转。

2. 单绕绳、双绕绳和三绕绳

根据钢丝绳绕制次数的多少，可分为单绕绳、双绕绳和三绕绳。由若干层钢丝围绕同一绳芯绕制成的钢丝绳，称为单绕绳；先将钢丝绕成股，再由股围绕绳芯

绕制成的钢丝绳,叫做双绕绳;以双绕绳围绕绳芯绕成的绳,便是所谓的三绕绳。起重机上用的钢丝绳多是双绕绳。

3. 点接触、线接触和面接触钢丝绳

根据钢丝绳中丝与丝的接触状态,可分为点接触、线接触和面接触三种不同类型。如股内钢丝直径相等,各层之间钢丝与钢丝互相交叉而呈点状接触,称为点接触钢丝绳。线接触钢丝绳是采用不同直径钢丝捻制而成,股内各层之间钢丝全长上平行捻制,每层钢丝螺距相等,钢丝之间呈线状接触。如钢丝绳股内钢丝形状特殊,钢丝之间呈面状接触的,则称为面接触钢丝绳。

4. 圆股、异型股和多股不扭转钢丝绳

根据钢丝绳股截面形状不同,钢丝绳可分为圆股、异型股(三角形、椭圆形及扁圆形)和多股不扭转三类。高层建筑施工用塔式起重机应采用多股不扭转钢丝绳最为适宜,此种钢丝绳由两层绳股组成,两层绳股捻制方向相反,采用旋转力矩相互平衡的原理捻制而成。钢丝绳受力时,其自由端不会发生扭转。

5. 有机芯、纤维芯、石棉芯和钢芯钢丝绳

根据钢丝绳的绳芯材料来区分,可分为有机芯(麻芯或棉芯)、纤维芯、石棉芯和钢芯四种不同钢丝绳。起重机用的多是纤维芯或钢芯钢丝绳。

塔式起重机上用的钢丝绳,按使用功能的不同分为:起升钢丝绳、变幅钢丝绳、起重臂拉绳、平衡臂拉绳、小车牵引绳和塔身伸缩用钢丝绳等。

常用钢丝绳的断面构造、特点及适用范围见表 1-1。

表 1-1　钢丝绳的断面构造、特点及适用范围

类　别	断 面 构 造	特点及适用范围
普通多股点接触钢丝绳	6×19,纤维芯	全部钢丝粗细一致,承受横向压力的能力差,仅宜用作拉绳
外粗式线接触钢丝绳[西鲁(Senle)型或称X型]	6×19,钢芯	各股外层钢丝较粗,用以承受摩擦,而内层钢丝则较细,用以增加柔度改善挠性。可用作起升和变幅钢丝绳

续表 1-1

类　别	断面构造	特点及适用范围
粗细式线接触钢丝绳［瓦林吞（Warrington）型或称 W 型］	 6×19，纤维芯	各股外层钢丝粗细相间，使钢丝绳兼有较好的挠性和较大的耐摩擦能力。 宜用作小车牵引绳
填充式线接触钢丝绳［费勒（Filler）型或称 T 型］	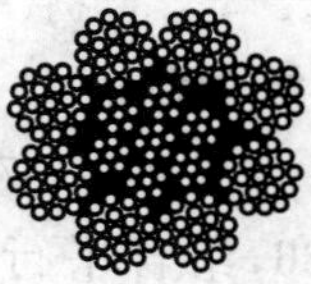 8×25，钢芯	各股内、外层钢丝之间的凹凸用细钢丝填实，结构紧密，具有较好的耐磨能力及抗疲劳能力。 可用作起升钢丝绳和变幅钢丝绳
多股不扭转钢丝绳	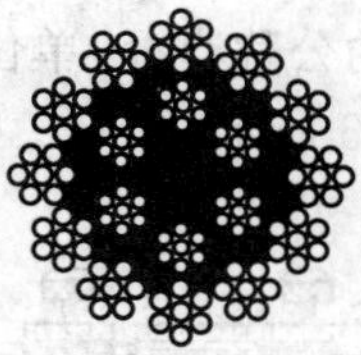 18×7	各相邻层股的捻向相反，钢丝绳受力时其自由端不会发生旋转。在卷筒上接触表面较大，抗挤压强度高，工作时不易变形，总破断拉力大，寿命比普通钢丝绳高很多。 特别适宜用做起升高度特大的自升式塔式起重机的起升钢丝绳
异形股钢丝绳		接触表面大，耐磨性好，不易断丝。在同等条件下，总破断拉力大于圆股钢丝绳，寿命比普通钢丝绳约高 3 倍。 又可分为三角股钢丝绳、椭圆股钢丝绳及扁股钢丝绳
密封式面接触钢丝绳	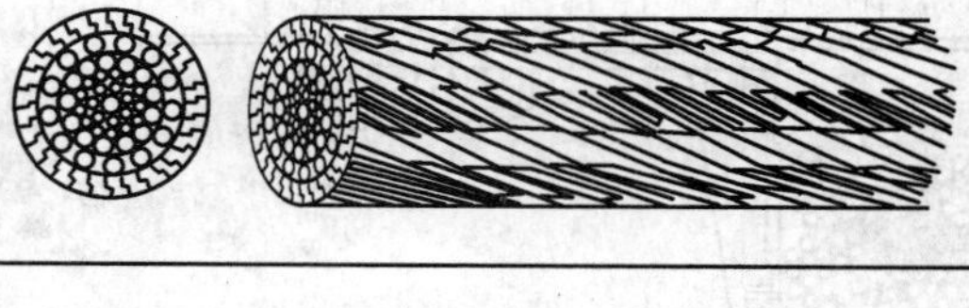	表面光滑，抗蚀性和耐磨性均好，能承受较大的横向力

二、钢丝绳的标记

根据 GB/T 8706—2006《钢丝绳术语、标记和分类》，钢丝绳的标记格式如图 1-2 所示。

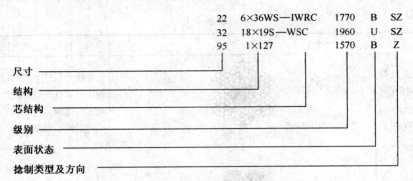

图 1-2　钢丝绳的标记示例

例如,钢丝绳标记为"22　6×36WS—IWRC　1770　B　SZ"表示:钢丝绳直径22mm,钢丝绳股数6,每股钢丝数36,组合平行捻(WS),独立钢丝绳绳芯(IWRC),钢丝绳公称抗拉强度1770MPa,B级锌合金镀层,右交互捻(SZ)。

钢丝绳的主要特性标记按如图 1-2 所示的顺序排列。

1. 尺寸

标记中圆钢丝绳的尺寸为钢丝绳的公称直径,单位为 mm。圆钢丝绳的直径可用游标卡尺测量,其测量方法如图 1-3 所示。

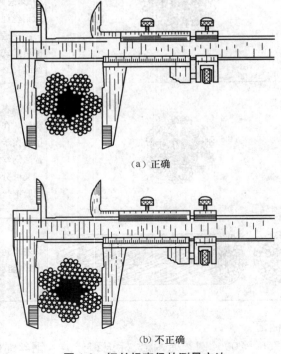

（a）正确

（b）不正确

图 1-3　钢丝绳直径的测量方法

2. 结构

多股钢丝绳标记为：外层股数×每个外层股中钢丝的数量及相应股的标记，与芯结构的标记用"—"连接，例如8×19S—PWRC。

对于多股不旋转钢丝绳（阻旋转钢丝绳），10个或10个以上外层股时标记为：钢丝绳除中心组件外的股的总数，或当中心组件和外层股相同时，钢丝绳中股的总数×每个外层股中钢丝的数量及相应股的标记，与芯的结构标记用"—"连接，例如18×17—WSC。如果股的层数超过两层，内层股的捻制类型标记在括号中标出。

对于多股不旋转钢丝绳（阻旋转钢丝绳），8个或9个外层股时标记为：外层股数×每个外层股中钢丝的数量及相应股的标记，与芯结构的标记用"："连接，表示反向捻芯，例如8×25F：IWRC。

单捻钢丝绳标记为：1×股中钢丝的数量，例如1×61。

钢丝绳股的标记见表1-2。

表1-2　钢丝绳普通类型的股结构代号

结 构 类 型	代号	股 结 构 示 例
单捻	无代号	6 即(1—5)
		7 即(1—6)
平行捻		
西鲁式	S	17S 即(1—8—8)
		19S 即(1—9—9)
瓦林吞式	W	19W 即(1—6—6+6)
填充式	F	21F 即(1—5—5F—10)
		25F 即(1—6—6F—12)
		29F 即(1—7—7F—14)
		41F 即(1—8—8—8F—16)
组合平行捻	WS	26WS 即(1—5—5+5—10)
		31WS 即(1—6—6+6—12)
		36WS 即(1—7—7+7—14)
组合平行捻	WS	41WS 即(1—8—8+8—16)
		41WS 即(1—6/8—8+8—16)
		46WS 即(1—9—9+9—18)
多工序捻(圆股)		
点接触捻	M	19M 即(1—6/12)
		37M 即(1—6/12/18)
复合捻①	N	35WN 即(1—6—6+6/18)

注：①N是一个附加代号并放在基本类型代号之后，例如复合西鲁式为SN，复合瓦林吞式为WN。

钢丝绳普通类型的股结构类型如图1-4所示。

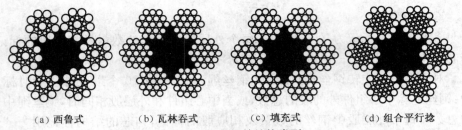

(a) 西鲁式　　　(b) 瓦林吞式　　　(c) 填充式　　　(d) 组合平行捻

图 1-4　钢丝绳的结构类型

西鲁式:两层具有相同钢丝数的平行捻股结构。

瓦林吞式:外层包含粗细两种交替排列的钢丝,而且外层钢丝数是内层钢丝数的 2 倍的平行捻股结构。

填充式:外层钢丝数是内层钢丝数的 2 倍,而且在两层钢丝绳间的间隙中有填充钢丝的平行捻股结构。

组合平行捻:由典型的瓦林吞式和西鲁式股类型组合而成,由三层或三层以上钢丝一次捻制成的平行捻股结构。

3. 绳芯结构

钢丝绳绳芯的结构应按表 1-3 的规定标记。

表 1-3　芯、平行捻密实钢丝绳中心和阻旋转钢丝绳中心组件代号

项目或组件	代　号
单层钢丝绳	
纤维芯	FC
天然纤维芯	NFC
合成纤维芯	SFC
固态聚合物芯	SPC
钢芯	WC
钢丝股芯	WSC
独立钢丝绳芯	IWRC
压实股独立钢丝绳芯	IWRC(K)
聚合物包覆独立绳芯	EPIWRC
平行捻密实钢丝绳	
平行捻钢丝绳芯	PWRC
压实股平行捻钢丝绳芯	PWRC(K)
填充聚合物的平行捻钢丝绳芯	PWRC(EP)
阻旋转钢丝绳	
中心构件	
纤维芯	FC
钢丝股芯	WSC
密实钢丝股芯	KWSC

4. 级别

当需要给出钢丝绳级别时,应标明钢丝绳破断拉力级别,即钢丝绳公称抗拉强度(MPa),如 1770、1570、1960 等。

5. 表面状态

钢丝绳外层钢丝应用下列字母标记:

U—光面无镀层;B—B 级镀锌;A—A 级镀锌;B(Zn/Al)—B 级锌合金镀层;A(Zn/Al)—A 级锌合金镀层。

6. 捻制类型及方向

对于单捻钢丝绳,捻制方向应用下列字母标记:Z—右捻;S—左捻。

对于多股钢丝绳,捻制类型和捻制方向应用下列字母标记:SZ—右交互捻;ZS—左交互捻;ZZ—右同向捻;SS—左同向捻;aZ—右混合捻;aS—左混合捻。

交互捻和同向捻类型中的第一个字母表示钢丝在股中的捻制方向,第二个字母表示股在钢丝绳中的捻制方向。混合捻类型的第二个字母表示股在钢丝绳中的捻制方向。

三、钢丝绳的检查和报废

1. 钢丝绳的检查

在塔式起重机吊运作业过程中,钢丝绳不停地通过滑轮绳槽和卷筒绳槽,不仅受拉、挤压和摩擦作用,还要受扭转、弯曲和挤压的反复作用,疲劳断丝现象便逐渐发生。又由于磨损、锈蚀及其他因素的影响,加剧了钢丝绳断丝情况的发展,最终由量变转为质变而使钢丝绳完全失效。因此,加强对钢丝绳的定期全面检查,对于消除钢丝绳的隐患和保证塔式起重机的安全作业是非常必要的。

钢丝绳的检查包括外部检查和内部检查及钢丝绳使用条件的检查。钢丝绳应每周进行一次外部检查,每月至少进行一次全面的、深入细致的详细检查。塔式起重机在长时间停置后重新投入生产之前,应对钢丝绳进行一次全面检查。

(1)钢丝绳的外部检查　钢丝绳外部检查包括直径检查、磨损检查、断丝检查和润滑检查。

①直径检查。直径是钢丝绳极其重要的参数。通过对直径测量,可以反映该处直径的变化程度,钢丝绳是否受到过较大的冲击荷载,捻制时股绳张力是否均匀一致,绳芯对股绳是否保持了足够的支撑能力。钢丝绳直径用带有宽钳口的游标卡尺测量,其钳口的宽度要足以跨越两个相邻的股,如图 1-5 所示。

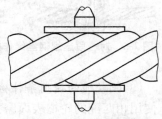

图 1-5　钢丝绳直径测量

②磨损检查。钢丝绳在使用过程中产生磨损现象不可避免。通过对钢丝绳

磨损检查,可以反映出钢丝绳与匹配轮槽的接触状况。在无法随时进行性能试验的情况下,根据钢丝磨损程度来推测钢丝绳的实际承载能力。

③断丝检查。钢丝绳在投入使用后,肯定会出现断丝现象,尤其是到了使用后期,断丝发展速度会迅速上升。通过断丝检查,不仅可以推测钢丝绳继续承载的能力,而且根据出现断丝根数的发展速度,间接预测钢丝绳的使用寿命。

④润滑检查。通常情况下,新出厂的钢丝绳大部分在生产时已经进行了润滑处理,但在使用过程中,润滑油脂会流失减少。润滑不仅能够对钢丝绳在运输和存储期间起到防腐保护作用,而且能够减少钢丝绳在使用过程中钢丝之间、股绳之间和钢丝绳与匹配轮槽之间的摩擦,延长钢丝绳使用寿命。润滑检查的目的是把对钢丝绳危害的腐蚀、摩擦因素降到最低程度。尽管有时钢丝绳表面不一定涂覆润滑性质的油脂(例如增摩性油脂),但是从防腐和满足特殊需要看,润滑检查是十分重要的。

(2)钢丝绳的内部检查　对钢丝绳进行内部检查要比进行外部检查困难得多,但由于内部损坏(主要由锈蚀和疲劳引起的断丝)的隐蔽性大,为保证钢丝绳安全使用,必须在适当的部位进行内部检查。

如图 1-6 所示,检查时将两个尺寸合适的夹钳相隔 100～200mm 夹在钢丝绳上反方向转动,股绳便会脱起。操作时,必须十分仔细,避免股绳被过度移位造成永久变形,导致钢丝绳破坏。对靠近绳端的绳段特别是对固定钢丝绳的绳段应更加注意操作。诸如支持绳或悬挂绳,如果操作正确,钢丝绳不会变形。如图 1-7 所示,小缝隙出现后,用螺钉旋具或探针拨动股绳并把妨碍视线的油脂或其他异物拨开,对内部润滑、钢丝锈蚀,钢丝及钢丝间相互运动产生的磨痕等情况进行仔细检查。检查断丝,一定要认真,因为钢丝断头一般不会翘起,因而不容易被发现。检查完毕后,稍用力转回夹钳,使股绳完全恢复到原来位置。

图 1-6　对一段连续钢丝绳作内部检验

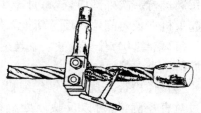

图 1-7　对靠近绳端装置的钢丝绳
尾部作内部检验

(3)钢丝绳的使用条件检查　除对钢丝绳本身的检查之外,还必须对与钢丝绳使用相匹配的轮槽表面磨损情况、轮槽几何尺寸及转动灵活性等进行检查,以保证钢丝绳在运行过程中与其始终处于良好的接触状态,运行摩擦阻力最小。

2. 钢丝绳的报废

依据 GB/T 5972—2006《起重机用钢丝绳检验和报废使用规范》,钢丝绳使用的安全程度由以下项目判定：

　　——断丝的性质和数量；

　　——绳端断丝；

　　——断丝的局部聚集；

　　——断丝的增加率；

　　——绳股断裂；

　　——绳芯损坏而引起的绳径减小；

　　——弹性降低；

　　——外部磨损；

　　——外部和内部腐蚀；

　　——变形；

　　——由于受热或电弧的作用引起的损坏；

　　——永久伸长的增加率。

　　(1)断丝的性质和数量　对于6股和8股的钢丝绳,断丝主要发生在外表;而对于多层绳股的钢丝绳,断丝大多数发生在内部。因此,在检查断丝数时,应综合考虑断丝的部位、局部聚集程度和断丝的增长趋势,以及该钢丝绳是否用于危险品作业等因素。

　　对钢制滑轮上工作的圆股钢丝绳,断丝根数在规定长度内达到表1-4的数值时,应报废。

表1-4　钢制滑轮上工作的圆股钢丝绳中断丝根数的控制标准

外层绳股承载钢丝数[①] n	钢丝绳典型结构示例[②] (GB 8918— 2006、 GB/T 20118— 2006)[⑤]	起重机用钢丝绳必须报废时与疲劳有关的可见断丝数[③]							
		机构工作级别							
		M1、M2、M3、M4				M5、M6、M7、M8			
		交互捻		同向捻		交互捻		同向捻	
		长度范围[④]				长度范围[④]			
		≤6d	≤30d	≤6d	≤30d	≤6d	≤30d	≤6d	≤30d
≤50	6×7	2	4	1	2	4	8	2	4
51≤n≤75	6×19S*	3	6	2	3	6	12	3	6
76≤n≤100		4	8	2	4	8	16	4	8
101≤n≤120	8×19S* 6×25Fi*	5	10	2	5	10	19	5	10
121≤n≤140		6	11	3	6	11	22	6	11
141≤n≤160	8×25Fi	6	13	3	6	13	26	6	13
161≤n≤180	6×36WS*	7	14	4	7	14	29	7	14
181≤n≤200		8	16	4	8	16	32	8	16

续表 1-4

外层绳股承载钢丝数① n	钢丝绳典型结构示例②（GB 8918—2006、GB/T 20118—2006）⑤	起重机用钢丝绳必须报废时与疲劳有关的可见断丝数③							
		机构工作级别							
		M1、M2、M3、M4				M5、M6、M7、M8			
		交互捻		同向捻		交互捻		同向捻	
		长度范围④				长度范围④			
		$\leqslant 6d$	$\leqslant 30d$	$\leqslant 6d$	$\leqslant 30d$	$\leqslant 6d$	$\leqslant 30d$	$\leqslant 6d$	$\leqslant 30d$
$201 \leqslant n \leqslant 220$	6×41WS*	9	18	4	9	18	38	9	18
$221 \leqslant n \leqslant 240$	6×37	10	19	5	10	19	38	10	19
$241 \leqslant n \leqslant 260$		10	21	5	10	21	42	10	21
$261 \leqslant n \leqslant 280$		11	22	6	11	22	45	11	22
$281 \leqslant n \leqslant 300$		12	24	6	12	24	48	12	24
$300 < n$		$0.04n$	$0.08n$	$0.02n$	$0.04n$	$0.08n$	$0.16n$	$0.04n$	$0.08n$

注：①填充钢丝不是承载钢丝，因此检验中要予以扣除。多层绳股钢丝绳仅考虑可见的外层；带钢芯的钢丝绳，其钢芯作为内部绳股对待，不予考虑。

②统计绳中的可见断丝数时，取整至整数值。对外层绳股的钢丝直径大于标准直径的特定结构的钢丝绳，在表中作降低等级处理，并以＊号表示。

③一根断丝可能有两处可见端。

④d 为钢丝绳公称直径。

⑤钢丝绳典型结构与国际标准的钢丝绳典型结构一致。

对钢制滑轮上工作的抗扭（多股不扭转）钢丝绳，断丝根数达到表 1-5 的数值时，应报废。

表 1-5　钢制滑轮上工作的抗扭钢丝绳中断丝根数的控制标准

达到报废标准的起重机用钢丝绳与疲劳有关的可见断丝数			
机构工作级别 M1、M2、M3、M4		机构工作级别 M5、M6、M7、M8	
长度范围		长度范围	
$\leqslant 6d$	$\leqslant 30d$	$\leqslant 6d$	$\leqslant 30d$
2	4	4	8

注：①可见断丝数，一根断丝可能有两处可见端。

②长度范围，d 为钢丝绳公称直径。

如果钢丝绳锈蚀或磨损时，不同种类的钢丝绳应将表 1-4 和表 1-5 断丝数按表 1-6 折减，并按折减后的断丝数作为判断钢丝绳报废的依据。

（2）绳端断丝　当绳端或其附近出现断丝时，即使数量很少也表明该部位应力很高，可能是由于绳端安装不正确造成的，应查明损坏原因。如果绳长允许，应将断丝的部位切去重新合理安装。

表 1-6　锈蚀或磨损的折减系数

钢丝表面磨损或锈蚀量/%	10	15	20	25	30～40	＞40
折减系数/%	85	75	70	60	50	0

（3）断丝的局部聚集　如果断丝紧靠一起形成局部聚集，则钢丝绳应报废。如这种断丝聚集在小于 6d 的绳长范围内，或者集中在任一支绳股里，那么，即使断丝数比表 1-4 或表 1-5 的数值少，钢丝绳也应报废。

（4）断丝的增加率　在某些情况下，疲劳是引起钢丝绳损坏的主要原因，断丝则是在使用一个时期以后才开始出现。随着钢丝绳继续使用断丝数逐渐增加，其时间间隔越来越短。为了判定断丝的增加率，应仔细检验并记录断丝增加情况，根据这个"规律"来确定钢丝绳未来报废的日期。

（5）绳股断裂　如果出现整根绳股的断裂，则钢丝绳应报废。

（6）绳芯损坏而引起的绳径减小　绳芯损坏导致绳径减小可由下列原因引起：内部磨损和压痕；由钢丝绳中各绳股和钢丝之间的摩擦引起的内部磨损，尤其当钢丝绳经受弯曲时更是如此；纤维绳芯的损坏；钢芯的断裂和多层股结构中内部股的断裂。

如果这些因素引起钢丝绳实测直径（互相垂直的两个直径测量的平均值）相对公称直径减小 3%（对于抗扭钢丝绳而言）或减少 10%（对于其他钢丝绳而言），即使未发现断丝，该钢丝绳也应报废。

对于微小的损坏，特别是当所有各绳股中应力处于良好平衡时，用通常的检验方法可能是不明显的。然而这种情况会引起钢丝绳的强度大大降低，所以，有任何内部细微损坏的迹象时，均应对钢丝绳内部进行检验并予以查明。一经证实损坏，该钢丝绳应报废。

（7）弹性降低　在某些情况下（通常与工作环境有关），钢丝绳的弹性会显著降低，若继续使用则是不安全的。弹性降低通常伴随下述现象：

①绳径减小。

②钢丝绳捻距（螺线形钢丝绳外部钢丝和外部绳股围绕绳芯旋转一整圈或一个螺旋，沿钢丝绳轴向测得的距离）增大。

③由于各部分相互压紧，钢丝之间和绳股之间缺少空隙。

④绳股凹处出现细微的褐色粉末。

⑤虽未发现断丝，但钢丝绳明显的不易弯曲和直径减小，比起单纯的由于钢丝磨损而引起的直径减小要严重得多。这种情况会导致在动载作用下钢丝绳突然断裂，故应立即报废。

（8）外部磨损　钢丝绳外层绳股的钢丝表面磨损，是由于它在压力作用下与滑轮或卷筒的绳槽接触摩擦造成的。这种现象在吊载加速或减速运动时,钢丝绳与滑轮接触的部位特别明显,并表现为外部钢丝磨成平面状。

润滑不足,或不正确的润滑以及存在灰尘和砂粒都会加剧磨损。

磨损使钢丝绳的断面积减小而强度降低。当钢丝绳直径相对于公称直径减小7%或更多时,即使未发现断丝,该钢丝绳也应报废。

(9)外部和内部腐蚀 钢丝绳在海洋或工业污染的大气中特别容易发生腐蚀。腐蚀不仅使钢丝绳的金属断面减小导致破断强度降低,还将引起表面粗糙,产生裂纹从而加速疲劳;严重的腐蚀还会降低钢丝绳弹性。外部钢丝的腐蚀可用肉眼观察,内部腐蚀较难发现,但下列现象可供参考:

①钢丝绳直径的变化。钢丝绳在绕过滑轮的弯曲部位直径通常变小。但对于静止段的钢丝绳则常由于外层绳股出现锈蚀而引起钢丝绳直径的增加。

②钢丝绳外层绳股间空隙减小。空隙减小还经常伴随出现外层绳股之间断丝。

如果有任何内部腐蚀迹象,则应按 GB/T 5972—2006《起重用钢丝绳检验和报废实用规范》附录 D 的说明,由主管人员对钢丝绳进行内部检验,若有严重的内部腐蚀,则应立即报废。

(10)变形 钢丝绳失去正常形状产生可见的畸形称为"变形",这种变形会导致钢丝绳内部应力分布不均匀。钢丝绳的变形从外观上区分,主要可分下述几种:

①波浪形。波浪形的变形是钢丝绳的纵向轴线成螺旋线形状,如图 1-8 所示。这种变形不一定导致任何强度上的损失,但如变形严重即会产生跳动,造成不规则的传动,时间长了会引起磨损及断丝。出现波浪形时,在钢丝绳长度不超过 $25d$ 的范围内,若 $d_1 \geqslant \frac{4}{3}d$(式中 d 为钢丝绳的公称直径,d_1 是钢丝绳变形后包络的直径),则钢丝绳应报废。

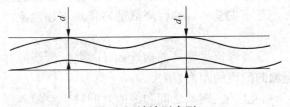

图 1-8 波浪形变形

②笼状畸变。笼状畸变也称"灯笼形"畸变,出现在具有钢芯的钢丝绳上。当外层绳股发生脱节或者变得比内部绳股长的时候就会发生这种变形。笼状畸变的钢丝绳应立即报废。

③绳芯或绳股挤出、扭曲。这种变形是笼状畸变的一种特殊形式,说明钢丝

绳不平衡。有绳芯或绳股挤出(隆起)或扭曲的钢丝绳应立即报废。

④钢丝挤出。钢丝挤出是一些钢丝或钢丝束在钢丝绳背对滑轮槽的一侧拱起形成环状的变形。有钢丝挤出的钢丝绳应立即报废。

⑤绳径局部增大。钢丝绳直径发生局部增大,并能波及相当长的一段钢丝绳,这种情况通常与绳股的畸变有关。在特殊环境中,纤维芯由于受潮而膨胀,结果使外层绳股受力不均衡,造成绳股错位。如果这种情况使钢丝绳实际直径增加5%以上,钢丝绳应立即报废。

⑥局部压扁。通过滑轮部分压扁的钢丝绳将会很快损坏,表现为断丝并可能损坏滑轮,如此情况的钢丝绳应立即报废。位于固定索具中的钢丝绳压扁部位会加速腐蚀。如果继续使用,应按规定的缩短周期对其进行检查。

⑦扭结。扭结是由于钢丝绳成环状,在不允许绕其轴线转动的情况下被绷紧造成的一种变形。其结果是出现捻距不均而引起过度磨损,严重时钢丝绳将产生扭曲,以致仅存极小的强度。有扭结的钢丝绳应立即报废。

⑧弯折。弯折是由外界影响因素引起的钢丝绳的角度变形,类似钢丝绳的局部压扁。有严重弯折的钢丝绳,应按局部压扁的要求处理。

(11)由于受热或电弧的作用引起的损坏 钢丝绳因异常的热影响作用,在外表出现可识别的颜色变化时,应立即报废。

四、钢丝绳的储运和松卷

1. 钢丝绳的储运

钢丝绳应储存在干燥、封闭的有木地板或混凝土地面的仓库内。当钢丝绳必须长期储存时,应设法使钢丝绳保持良好润滑状态,每隔六个月润滑一次。

在装卸运输过程中,应注意不要损坏钢丝绳表面。在堆放时,成卷的钢丝绳应竖立安置,不得平放。必须临时露天存放时,地面上应垫以木板,并用油布覆盖。

2. 钢丝绳的松卷

钢丝绳通常总是成卷(盘)供应的,一卷钢丝绳的长度有多种规格,如 250m、500m 和 1000m 等。多层建筑施工用的塔式起重机的起升钢丝绳通常为 100～150m,而中高层建筑施工用的塔式起重机的起升钢丝绳长为 250～350m,超高层建筑施工用的塔式起重机的起升钢丝绳往往长达 500m 或更长一些。钢丝绳的开卷方式如图 1-9 所示。

从整卷(盘)钢丝绳中截取某给定长度的一段钢丝绳时,必须注意按正确方法进行松卷(松盘)操作,量出其长度,然后按规定程序进行扎结和截断。正确松卷操作的要领如下:

①松卷。在松卷过程中,不得随意抽取,以免形成圈套和死结。

②引头。在整卷钢丝绳中引出一个绳头并拉出一部分重新盘绕成卷时,松绳

图1-9 正确的钢丝绳开卷方式

的引出方向和重新盘绕成卷的绕向应当保持一致。也就是说,顺时针方向引出钢丝绳时,也必须顺时针方向卷绕。不允许顺时针方向引出,逆时针方向卷绕。

③缠绕。如由钢丝绳卷直接往起升机构卷筒上缠绕时,应注意两点:一是应把整卷钢丝绳架设在专用的旋转托架或支座上,松卷时的转动方向应与起升机构卷筒上绕绳的方向一致;二是卷筒上的绳槽走向应同钢丝绳的捻向相适应。如果钢丝绳在绳槽走向是从左向右,钢丝绳是右捻,要从卷筒上方引入卷绕,如图1-10(a)所示;倘若钢丝绳在绳槽走向是从右向左,钢丝绳是右捻,则要从卷筒下方引入卷绕,如图1-10(b)所示;若钢丝绳在绳槽走向是从左向右,钢丝绳是左捻,要从卷筒下方引入卷绕,如图1-10(c)所示;如果钢丝绳在绳槽走向是从右向左,钢丝绳是左捻,则要从卷筒上方引入卷绕,如图1-10(d)所示。

在钢丝绳松卷和重新缠绕过程中,应避免钢丝绳与污泥接触,以免钢丝绳生锈。

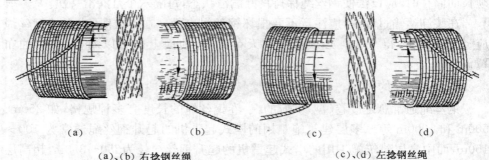

(a)	(b)	(c)	(d)

(a)、(b) 右捻钢丝绳　　　　　　　　(c)、(d) 左捻钢丝绳

图1-10 卷筒上绕绳方向与钢丝绳捻向关系示意图

五、钢丝绳的截断和扎结

在截断钢丝绳时,要在截分处进行扎结以防止钢丝绳松散。用火烧丝扎结的操作顺序如图1-11所示。扎结火烧丝的绕向必须与钢丝绳股的绕向相反,并要用专门工具扎结紧固,以免钢丝绳在断头处松开。截分处可用砂轮锯截断或用錾子切断。

对于不扭转钢丝绳,火烧丝缠扎宽度随钢丝绳直径大小而定,具体情况见表1-7。扎结处与截断口之间的距离应不小于 50mm。除特粗钢丝绳可用乙炔切割外,一般均用锋利的刃具截断。

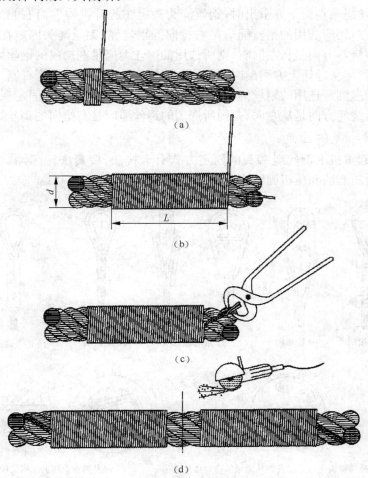

图 1-11 钢丝绳截断前施工准备

表 1-7 钢丝绳扎结宽度与直径的关系 (mm)

钢丝绳直径 d	≤15	15~24	25~30	31~44	45~51
扎结宽度 L	≥d	≥25	≥40	≥50	≥75

六、钢丝绳的穿绕和固定

1. 钢丝绳的穿绕

钢丝绳的使用寿命,在很大程度上取决于穿绕方式是否正确。穿绕钢丝绳时,必须注意检查钢丝绳的捻向。动臂式塔式起重机的臂架拉绳捻向必须与臂架变幅绳的捻向相同,起升钢丝绳的捻向必须与起升卷筒上的钢丝绳绕向相反。

在更换钢丝绳时,为了确保钢丝绳有较长的使用寿命,必须注意绳头在卷筒上的固定点位置和绳槽的走向。

当钢丝绳从卷筒下方引出时,钢丝绳头固定在起升机构卷筒右侧,绕卷方向是从右向左,则所选用的钢丝绳应是右捻向的钢丝绳;钢丝绳头固定在起升机构卷筒左侧,绕卷方向是从左向右,则所选用的钢丝绳应是左捻向的钢丝绳。

当钢丝绳从卷筒上方引出时,钢丝绳头固定在起升机构卷筒右侧,绕卷方向是从右向左,则所选用的钢丝绳应是左捻向的钢丝绳;钢丝绳头固定在起升机构卷筒左侧,绕卷方向是从左向右,则所选用的钢丝绳应是右捻向的钢丝绳。

2. 钢丝绳的固定

塔式起重机上钢丝绳端头的固定方式有卡接法、楔套法、锥套灌铅法、编结法、铝合金压套法和压板固结法等,如图 1-12 所示。

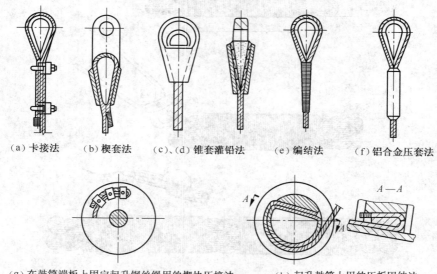

(a)卡接法　(b)楔套法　(c)、(d)锥套灌铅法　(e)编结法　(f)铝合金压套法

(g)在鼓筒端板上固定起升钢丝绳用的楔块压接法　　(h)起升鼓筒上用的压板固结法

图 1-12　钢丝绳端头的固定方式示意图

(1)卡接法　如图 1-12(a)所示,所谓卡接法,就是把钢丝绳的端头套装在心形套环上,用特制的钢丝绳夹卡牢,加以固定。

这种特制钢丝绳绳夹由夹座、U 形螺栓和紧固螺母组成,如图 1-13 所示。当绳夹用于起重机上时夹座材料推荐采用 Q235-B 钢或 ZG270～500 制造,U 形螺栓和螺母用 Q235-B 制成。直径为 6～50mm 的钢丝绳均可用不同规格钢丝绳绳夹进行卡接固定。

使用钢丝绳绳夹时应注意以下事项:

①选用钢丝绳绳夹时,绳夹 U 形环内的净距应恰好等于钢丝绳的直径。绳

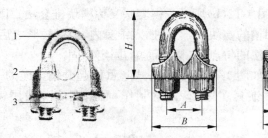

图 1-13　钢丝绳绳夹

1. U 形螺栓　2. 夹座　3. 紧固螺母

夹与绳夹之间的排列间距应不小于钢丝绳直径的 6～8 倍。根据钢丝绳直径不同,选用绳夹规格和数量可查表 1-8。

表 1-8　钢丝绳绳夹规格及用量表

绳夹规格(钢丝绳公称直径)d/mm	钢丝绳夹的最少数量/组
≤18	3
>18～26	4
>26～36	5
>36～44	6
>44～60	7

②使用钢丝绳绳夹时应将 U 形环部分卡在活头一边,如图 1-14 所示。钢丝绳末端距钢丝绳绳夹要保持 140～160mm。为防止钢丝绳受力后发生滑动,可增加一个安全绳夹,安全绳夹置于距最后一个绳夹约 500mm 处,并将绳头放出一段安全弯后再夹紧。

③使用钢丝绳绳夹时,一定要把 U 形环螺栓拧紧,直到钢丝绳直径被压扁 1/3 左右为止。

在工作中要检查绳夹螺纹部分有无损坏。暂时不用时,在螺纹处稍涂防锈油,并存放在干燥的地方,以防生锈。

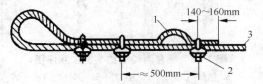

图 1-14　钢丝绳绳夹正确使用示意图

1. 安全弯　2. 安全绳夹　3. 主绳

使用钢丝绳卡接法的优点是拆装方便、牢固。其缺点是钢丝绳绳夹紧固螺母凸出在钢丝绳的外部,比较笨重。这种接法主要用于塔式起重机起重臂和平衡臂拉索的固定和小车牵引绳的固定。

（2）楔套法　如图 1-12（b）所示。楔套法又称楔块锥套法。固定时,先将钢丝绳的末端绕在带有凹槽的楔块上,然后插入锥套内,经过拉紧之后,钢丝绳即被固定于锥套之内。楔套法的特点是,构造简单,固定牢固。

楔块锥套固定法如图 1-15 所示。塔式起重机起升钢丝绳的一端头一般都用此法加以固定。楔形锥套多用 25 铸钢制作,而斜楔块一般用铸铁或普通钢板制作。

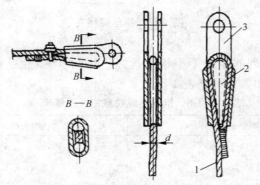

图 1-15　采用楔块锥套法固定钢丝绳端头的做法图
1. 钢丝绳　2. 带凹槽的楔块　3. 楔形锥套

（3）锥套灌铅法　如图 1-12（c）、（d）所示,锥套灌铅法简称灌铅法。施工时,先将钢丝绳拆散,切去绳芯后插入锥套内,再将钢丝绳末端弯成钩状,然后灌入熔融的铅液,经过冷却即成。其操作步骤如图 1-16 所示。此法操作复杂,如今已较少采用。

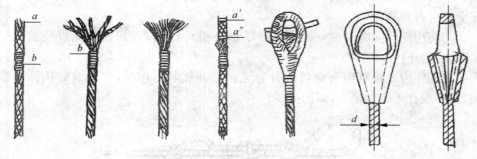

图 1-16　锥套灌铅法结头施工顺序图
a. 钢丝绳端头　b. 扎结处　d. 钢丝绳直径

（4）编结法　如图 1-12（e）所示,编结法就是将钢丝绳股与股互相穿插的一种连接和固定的方法。此法的优点是经济、方便和牢固,目前主要用于吊装用的绳索。编结时,先将分散的钢丝绳末端按一定顺序和工艺,分别插入钢丝绳的工作分支中以形成环状,然后套在心形套环的凹槽中,再用钢丝捆扎紧固。扎结长度相当于钢丝绳直径的 20～25 倍。直径 6～10mm 的钢丝绳,其捆扎长度不得小于 300mm。

(5)铝合金压套法　如图 1-12(f)所示,铝合金压套法简称压头法。施工时,先将绳头拆散,分股并将留头错开,然后弯转用钎子将其插入主索中;弯套中则嵌有心形环。最后,在插接处套以铝合金套,用汽锤加压模锻成形。这种铝合金压头重量轻,制作容易,安装方便,轻型和中型塔式起重机上应用较广。

(6)压板固结法　如图 1-12(g)、(h)所示,此法主要用于起升或变幅卷筒上钢丝绳端头的固定,压板底面带有绳槽,用以压紧钢丝绳。施工时,先使钢丝绳末端穿过卷筒的端板,然后弯曲并拢,再用带槽压板卡紧,最后用螺栓将压板牢靠地固定在卷筒端板上。

七、钢丝绳的润滑

对钢丝绳进行系统润滑,可使钢丝绳寿命延长 2～3 倍。润滑之前,将钢丝绳表面上积存的污垢和铁锈清除干净,用镀锌钢丝刷将钢丝绳表面刷净。钢丝绳表面越干净,润滑脂就越容易渗透到钢丝绳内部,润滑效果就越好。

钢丝绳润滑方法有刷涂法和浸涂法。刷涂法就是人工使用专用刷子,把加热的润滑脂涂刷在钢丝绳表面上。操作时要注意稳、慢和有力,尽可能使更多的润滑脂渗进钢丝绳内部。浸涂法具体做法是:先将钢丝绳润滑脂放入铁制容器内加热到 60℃,然后通过一组导辊装置使钢丝绳被张紧,同时让钢丝绳缓慢地在容器里的熔融润滑脂中通过,钢丝绳通过速度为 1～2m/min。

根据经验,钢丝绳润滑脂的用量可按钢丝绳直径和钢丝绳长度加以估算,其计算公式如下:

$$V = AdL/100 \qquad\qquad (式 1-1)$$

式中　V——钢丝绳润滑脂用量(kg);

　　　A——系数(0.3～0.45);

　　　d——钢丝绳直径(mm);

　　　L——待润滑的钢丝绳长度(m)。

良好的钢丝绳润滑脂应不含酸、碱及其他有害杂质。钢丝绳润滑脂可以自行配制,也可以采用市场上出售的黑色钙基石墨润滑脂,其牌号为 ZG—S,滴点为 80℃。

八、钢丝绳的选用

1. 钢丝绳的选用原则

①能承受所要求的拉力,保证足够的安全系数。

②能保证钢丝绳受力不发生扭转。

③耐疲劳,能承受反复弯曲和振动作用。

④有较好的耐磨性能。

⑤与使用环境相适应。高温或多层缠绕场合宜选用钢芯,高温、腐蚀严重场合宜选用石棉芯;有机芯易燃,不能用于高温场合。

⑥必须有产品检验合格证。

2. 钢丝绳的安全系数

由于以下因素,钢丝绳必须预留足够的安全系数。

①钢丝绳磨损、疲劳破坏、锈蚀、不恰当使用、尺寸误差、制造质量缺陷等不利影响。

②钢丝绳的固定强度达不到钢丝绳本身的强度。

③由于惯性及加速作用(如起动、制动、振动等)而造成的附加荷载作用。

④由于钢丝绳通过滑轮槽时的摩擦阻力作用。

⑤吊重时的超载影响。

⑥吊索及吊具的超重影响。

⑦钢丝绳在绳槽中反复弯曲而造成的危害影响。

钢丝绳的安全系数是不可缺少的安全储备,绝不允许凭借这种安全储备而擅自提高钢丝绳的最大允许安全荷载,钢丝绳的安全系数见表1-9。

表1-9　钢丝绳的安全系数

用　　途	安全系数	用　　途	安全系数
作缆风	3.5	作吊索,无弯曲时	6～7
用于手动起重设备	4.5	作捆绑吊索	8～10
用于机动起重设备	5～6	用于载人的升降机	14

3. 钢丝绳的允许拉力

钢丝绳的允许拉力是钢丝绳在工作中所允许的实际荷载,其与钢丝绳最小破断拉力和安全系数的关系式为:

$$[F] = \frac{F_0}{K}$$
(式1-2)

式中　$[F]$——钢丝绳允许拉力(kN);

　　　F_0——钢丝绳最小破断拉力(kN);

　　　K——钢丝绳安全系数。

例如,一规格为6×19S+FC,公称抗拉强度为1570MPa,直径为16mm的钢丝绳,使用单根钢丝绳作捆绑吊索。查GB 8918—2006《重要用途钢丝绳》中表10可知,$F_0=133$kN;查表1-9可知,$K=8$;该钢丝绳作捆绑吊索用的允许拉力为:

$$[F] = \frac{F_0}{K} = \frac{133}{8} = 16.625(\text{kN})$$

第二节 吊 钩

一、吊钩的种类

塔式起重机的吊钩可分为自由锻吊钩及模锻吊钩两大类。常见的模锻吊钩带钩环,起重量比较小,仅适用于轻型、小型塔式起重机。一般塔式起重机大多采用自由锻吊钩。

根据 GB/T 10051.1—2010 的规定,吊钩按其力学性能分为 M、P、(S)、T、(V)5 个强度等级,M、P、(S)级材质为结构钢(20、30),(S)、T、(V)级材质为合金钢(20Cr、35CrMn)。在构造和尺寸相同的条件下,P 级吊钩起重量为 M 级吊钩起重量的 1.25 倍,(S)级吊钩起重量为 M 级吊钩起重量的 1.6 倍,T 级吊钩起重量为 M 级吊钩起重量的 2 倍。锻制吊钩钢材可用 20、20SiMn 和 36Mn2Si,吊钩螺母则用 20 钢制作。吊钩的标记方式如下:

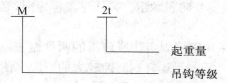

二、吊钩的防脱棘爪

根据 JJ 75—1988 有关规定,塔式起重机的吊钩必须备有防脱棘爪。防脱棘爪的作用是在荷载悬挂进入吊钩时立即自动关闭,使吊钩心部形成一个封闭环圈,防止荷载在运输过程中脱钩。

防脱棘爪有两种常用的形式:一种是钢丝弹簧式防脱棘爪或挡板弹簧式防脱棘爪,主要用于轻型塔式起重机;另一种是罩盖弹簧式防脱棘爪或操纵手柄式防脱棘爪,主要用于大、中型塔式起重机,这两种防脱棘爪的安装方式如图 1-17 所示。

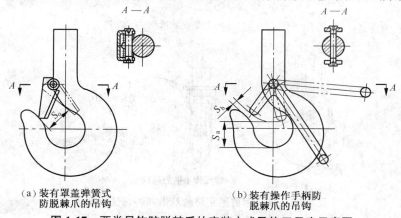

(a) 装有罩盖弹簧式
防脱棘爪的吊钩

(b) 装有操作手柄防
脱棘爪的吊钩

图 1-17 两类吊钩防脱棘爪的安装方式及钩口尺度示意图

防脱棘爪轴及棘爪均应有足够的强度并应操纵方便。由于装设防脱棘爪,吊钩的钩口尺寸有所减少如图 1-17 所示,但不应小于表 1-10 中的数值。

表 1-10 安装防脱棘爪后的钩口尺寸

安装罩盖弹簧式防脱棘爪的吊钩				安装带有操纵手柄防脱棘爪的吊钩					
吊钩起重量/t	S_o/mm	吊钩起重量/t	S_o/mm	吊钩起重量/t	S_a/mm	S_b/mm	吊钩起重量/t	S_a/mm	S_b/mm
1.0	30	8	66	1.0	30	7	8	66	15
2.0	33	10	73	2.0	34	7	10	73	15
4.0	47	12.5	75	4.0	45	10	12.5	75	15
5.0	51	16	90	5.0	50	10	16	90	20
6.3	62	20	100	6.3	60	15	20	100	20

安装防脱棘爪的凸耳(或称凸座),应与吊钩锻成一体。对于无凸耳的吊钩,也可采用钢箍固定方式安装防脱棘爪。采用钢箍固定时,必须保证钢箍不错位,并能顺利穿过棘爪轴。

如图 1-18 所示为采用钢箍固定防脱棘爪的两种做法。其中图 1-18(a)适用于吊钩杆柄较长、滑轮夹板与吊钩杆柄间隙较大的情况。图 1-18(b)则适合于吊钩杆柄较短的情况,其圆钢箍可焊装在滑轮夹板上。

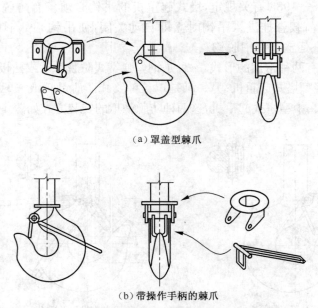

(a)罩盖型棘爪

(b)带操作手柄的棘爪

图 1-18 采用钢箍固定防脱棘爪两种做法示意图

三、吊钩的检验和报废

1. 吊钩的检验

①吊钩的危险断面。通过对吊钩受力分析,可以了解吊钩的危险断面有三个。如图 1-19 所示,在吊钩的Ⅰ—Ⅰ断面上,受到切应力的作用,切应力有把吊钩切断的趋势;在Ⅲ—Ⅲ断面上(这个断面处在吊钩钩尾螺纹退刀槽的位置),受到拉应力的作用,拉应力有把吊钩拉断的趋势;在Ⅱ—Ⅱ断面上,受到拉应力的同时又受到力矩的作用,因而Ⅱ—Ⅱ断面的内侧受拉应力作用,外侧受压应力作用,根据计算,内侧拉应力比外侧压应力大 1 倍多。所以,吊钩应做成内侧厚,外侧薄。

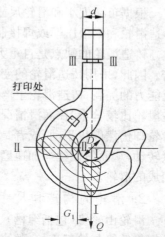

图 1-19　吊钩的危险断面

②吊钩的检验方法。吊钩应有出厂合格证明,在低应力区应标有额定起重量标记,如图 1-19 所示的"打印处"。

吊钩的检验一般先用煤油洗净钩身,然后用 20 倍放大镜检查钩身是否有疲劳裂纹,特别对危险断面的检查要认真、仔细。钩柱螺纹部分的退刀槽是应力集中处,要注意检查有无裂缝。对板钩还应检查衬套、销子、小孔、耳环及其他紧固件是否有松动、磨损现象。对一些大型、重型起重机的吊钩,还应采用无损探伤法检验其内部是否存在缺陷。

2. 吊钩的报废

禁止焊补吊钩,有下列情况之一,应予以报废:

①用 20 倍放大镜观察表面有裂纹。

②钩尾和螺纹部分等危险截面及钩筋有永久性变形。

③挂绳处截面磨损量超过原高度的 10%。

④芯轴磨损量超过其直径的 5%。

⑤开口度比原尺寸增加 15%。

第三节　滑　　轮

一、滑轮的类别、构造及报废

1. 滑轮的类别

在塔式起重机中,滑轮按用途可分为定滑轮、动滑轮、滑轮组、导向滑轮和平衡滑轮等。定滑轮的芯轴固定不动,其作用是改变钢丝绳的方向,也可用作平衡滑轮和导向滑轮。动滑轮装在可移动的芯轴上与定滑轮组成滑轮组,达到省力和减速、改变倍率的目的。平衡滑轮可以均衡张力,使各钢丝绳受力相同。

根据负荷大小和滑轮尺寸大小不同,滑轮分为采用灰铸铁、球墨铸铁、铸钢的铸造滑轮和钢板压模或焊接制作的滑轮。

铸造滑轮的缺点是自重大,其重量一般为同等直径的焊制滑轮重量的1~1.5倍。因此,采用铸造滑轮的变幅小车和臂架自重都比较大,不利于塔式起重机起重能力的提高;铸造滑轮生产工序复杂,加工制造费事费时,造价比较高。由于铸造滑轮比较笨重,在润滑情况不良时,转动非常不灵活,往往钢丝绳已在运行,而滑轮却仍然停止不动,或者是钢丝绳已停止不动,而滑轮却因受惯性作用仍在继续转动,从而使钢丝绳加速磨损。正是由于上述原因,现在多用钢板压模或焊制而成的滑轮。

2. 滑轮的构造和尺寸

滑轮由轮缘(包括绳槽)、轮辐和轮毂组成。轮缘是承载钢丝绳的主要部位,轮辐将轮缘与轮毂连接,整个滑轮通过轮毂安装在滑轮轴上。

滑轮的主要尺寸,如图 1-20(轴对称图)所示。

图中各符号意义如下:

D_0——计算直径,按钢丝绳中心计算的滑轮卷绕直径(mm);

R——绳槽半径,保证钢丝绳与绳槽有足够的接触面积,$R=(0.525\sim0.650)d$;d 为钢丝绳直径(mm);

β——钢槽侧夹角,钢丝绳穿绕上下滑轮时,允许与滑轮轴线有一定偏斜,一般 $\beta=35°\sim40°$;

C——绳槽深度,其足够的深度防止钢丝绳跳槽(mm);

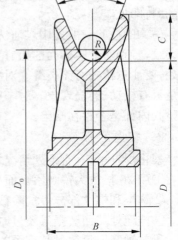

图 1-20　滑轮几何尺寸图

D——滑轮绳槽直径(mm);

B——轮毂厚度(mm)。

其中,D_0 为影响钢丝绳寿命的关键尺寸。按钢丝绳中心计算的滑轮及卷筒最小直径可按下式确定:

$$D_{0min}=K_n d_K \qquad\qquad (式 1-3)$$

式中　D_{0min}——按钢丝绳中心计算的滑轮或卷筒的最小卷绕直径(mm);

K_n——起升机钩工作级别和钢丝绳结构有关的系数,按表 1-11 选用;

d_k——钢丝绳直径(mm)。

平衡滑轮的计算直径不小于 $0.6D_{0min}$。

表 1-11 **K_n 数值表**

机构工作级别	卷筒 K_n		滑轮 K_n	
	普通钢丝绳	不扭转钢丝绳	普通钢丝绳	不扭转钢丝绳
M1~M3	14	16	16	18
M4	16	18	18	20
M5	18	20	20	22.4
M6	20	22.4	22.4	25

3. 滑轮的报废

滑轮出现下列情况之一,应予以报废:

①裂纹和轮缘破损。

②滑轮绳槽壁厚磨损量达原壁厚的 20%。

③滑轮底槽的磨损量超过相应钢丝绳直径的 25%。

当滑轮轴轴颈磨损量超过原轴颈的 2‰时,应更换滑轮轴或予以修复;当轴承间隙超过 0.20mm 时应更换轴承。

二、滑轮组

1. 滑轮组的种类

钢丝绳依次绕过若干定滑轮和动滑轮组成的装置称为滑轮组。滑轮组按构造形式,分为单联滑轮组(如图 1-21 所示)和双联滑轮组(如图 1-22 所示)。双联滑轮组用于桥式起重机中,在建筑施工塔式起重机和工程起重机中一般则采用带有导向滑轮的单联滑轮组。

滑轮组按工作原理分为省力滑轮组,如图 1-21、图 1-22 所示,增速滑轮组,如图 1-23 所示。起升机构和钢丝绳变幅机构所用的都是省力滑轮组,可用较小的拉力吊起较重的构件和重物。

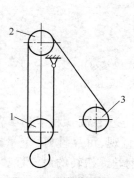

图 1-21 单联滑轮组

1. 动滑轮 2. 定滑轮 3. 卷筒

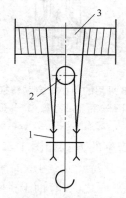

图 1-22 双联滑轮组

1. 动滑轮 2. 均衡滑轮 3. 卷筒

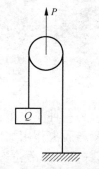

图 1-23 增速滑轮组

2. 滑轮组的倍率

省力滑轮组省力的倍数称为滑轮组的倍率,也称为走数。倍率等于动滑轮上钢丝绳的有效分支数与引入卷筒的绳头数之比。对于单联滑轮组,倍率即钢丝绳承载分支数。起升机构的起重能力按倍率提高的同时使起升速度按倍率降低,从而满足起重安装不同情况的要求。

3. 滑轮组倍率的转换

滑轮组倍率转换方式主要有两种,一种是单小车转换倍率,另一种是双小车转换倍率。单小车转换倍率又有自动与人工之分。

(1)滑轮组倍率的自动转换 滑轮组倍率的自动转换全程均由塔式起重机驾驶员在驾驶室内操纵电钮控制,无须借助人力操作。

如图 1-24 所示为 F0/23B 塔式起重机采用的单小车转换倍率方式的示意图。采用单小车转换倍率的吊钩滑轮组由上部活动滑轮 1 和下部双滑轮吊钩组 2 构成。当上部活动滑轮 1 通过自身锁紧装置紧固在变幅小车结构上时,塔式起重机便用双滑轮吊钩组 2 以 2 倍率进行工作,如图 1-24(a)所示。在倍率由 2 转换为 4 时,先使双滑轮吊钩组 2 向上升起至变幅小车近处,再通过连接夹板 6 导向而使顶部活动滑轮 1 经由连接销轴 5 与双滑轮吊钩组 2 连成一体,顶部活动滑轮 1 脱离与变幅小车的接触,塔式起重机则以 4 倍率工作如图 1-24(c)所示。

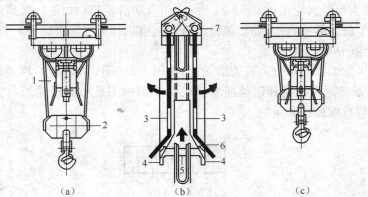

(a)   (b)   (c)

图 1-24 F0/23B 采用的单小车自动转换倍率方式(2 变 4)
1. 上部活动滑轮 2. 下部双滑轮吊钩组 3. 开孔 4. 锁头 5. 连接销轴
6. 连接夹板 7. 铰轴

另一种单小车自动转换倍率的方式如图 1-25 所示,通过卡板 3 和卡销 2 的卡紧与脱离作用加以实现的。其特点是:构造简单、动作直观、可靠性好、重量较轻,并且全部滑轮均处于一个平面之内,有助于排除起升钢丝绳扭转的可能性。

转换倍率应在小车位于臂架根部并且空负荷时进行。双滑轮吊钩应以低速升起与位于变幅小车上的上部滑轮搭合。

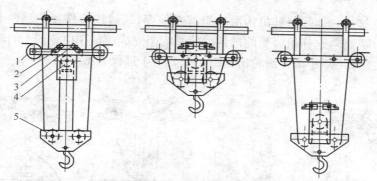

图 1-25 卡板、卡销式倍率自动转换系统工作方式及构造示意图
1. 变幅小车滑轮 2. 卡销 3. 卡板 4. 活动滑轮(倍率转换滑轮) 5. 双滑轮吊钩组

（2）滑轮组倍率的人工转换 如图 1-26 所示,上部活动滑轮紧附在变幅小车结构上时,仅双滑轮吊钩组运行,此时倍率为 2。倍率由 2 转换为 4 时,先使双滑轮吊钩组降落到地面上,然后继续开动起升机构"下降",令活动滑轮离开变幅小车而下落到双滑轮吊钩组处,然后用连接销轴将活动滑轮与双滑轮吊钩组连接成一体,此时便可以 4 倍率进行吊运作业。

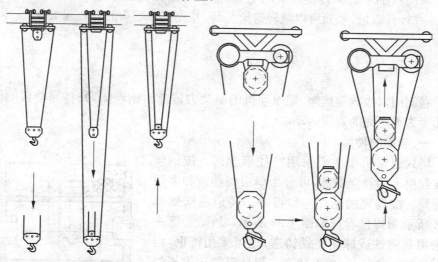

（a）双滑轮吊钩组倍率的 2 变 4　　　　　（b）单滑轮吊钩组倍率的 2 变 4
图 1-26 单滑轮及双滑轮吊钩滑轮组倍率人工转换

（3）双变幅小车吊钩滑轮组倍率的转换 有些塔式起重机配用两台变幅小车,通常以一台"主"小车配用一套滑轮吊钩组(单滑轮式或双滑轮式)以 2 倍率工作,而另一台"副"小车则停置于臂架根部备用。当需要起吊大重量物件改 2 倍率为 4 倍率时,就使外首的"主"小车驶向臂架根部,并开动起升机构"下降",令吊钩滑轮组空载下落至地面。随后再开动位于臂根的"副"小车,使之与外首的"主"小车靠拢,连接成一体并将其吊钩滑轮组落至地面,通过连接件使前后两套吊钩滑轮组也连成一体,这样组合后的吊钩滑轮系统便完成由倍率由 2 到 4 的转换,以 4 倍率进行工作。双小车单滑轮吊钩组倍率 2 变 4 过程如图 1-27 所示。

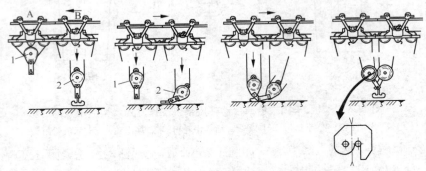

图 1-27   双小车单滑轮吊钩组倍率 2 变 4 示意图

A—停置于臂架根部"副"小车   B—"主"小车

1. 停置于臂架根部"副"小车的滑轮   2. "主"小车吊钩滑轮组

采用双小车倍率转换系统的主要优点是:简化变幅小车和吊钩滑轮组的构造,并减轻其重量,从而可以减轻臂架负荷,并提高臂端头的有效起重量。

第四节   卷   筒

卷筒用以收放钢丝绳,把原动机的驱动力传递给钢丝绳,并将原动机的回转运动变为钢丝绳的直线运动。

一、卷筒的种类

塔式起重机中主要采用圆柱形卷筒。按钢丝绳在卷筒上的卷绕层数,可分为单层绕卷筒和多层绕卷筒。按卷筒的制作一般可分为铸造卷筒如图 1-28 所示和焊接卷筒如图 1-29 所示。铸造卷筒一般采用灰铸铁或球墨铸铁铸造,也可采用铸钢,但铸钢卷筒工艺复杂,成本较高。焊接卷筒用钢板焊接而成,可大大减轻重量,在卷筒尺寸较大和单件生产时采用尤为有利。

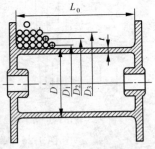

图 1-28   铸造卷筒

单层绕卷筒表面通常切有螺旋形绳槽。绳槽节距比钢丝绳直径稍大,绳槽半径也比钢丝绳半径稍大,这样既增加了钢丝绳与卷筒的接触面积,又可防止相邻钢丝绳间相互摩擦,从而提高了钢丝绳的使用寿命。绳槽的尺寸已有标准,可参阅有关手册。

多层绕卷筒容绳量大,采用尺寸较小的多层绕卷筒,对于减小机械构件尺寸是很有利的。但多层卷绕的钢丝绳所受的挤压力大,互相之间的摩擦力也大,使钢丝绳寿命降低。多层绕卷筒的表面一般做成光面,也可做成螺旋绳槽。

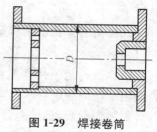

图 1-29　焊接卷筒

卷筒的结构尺寸中,影响钢丝绳寿命的关键尺寸是卷筒的计算直径,按钢丝绳中心计算的卷筒允许的最小卷绕直径必须满足 1-3 式,即

$$D_{0min} = K_n d_k$$

二、卷筒上固定钢丝绳的方法

钢丝绳在卷筒上的固定应保证工作安全可靠,便于检查和更换钢丝绳,并且在固定处不应使钢丝绳过分弯折。

常用的固定方法有螺钉压板固定、楔形块固定和长板条固定。

(1)螺钉压板固定　钢丝绳端用螺钉压板固定在卷筒外表面如图 1-30(a)、(b)所示。压板上刻有梯形的或圆形的槽。对于不同的最大工作拉力下相应的钢丝绳直径所采用的螺钉及压板(压板的数量不得少于 2 个),已有标准,可查阅有关手册。

(2)楔形块固定　钢丝绳绕在楔形块上打入卷筒特制的楔孔内固定如图 1-30(c)所示。楔形块的斜度一般为 1:4～1:5,以满足自锁条件。

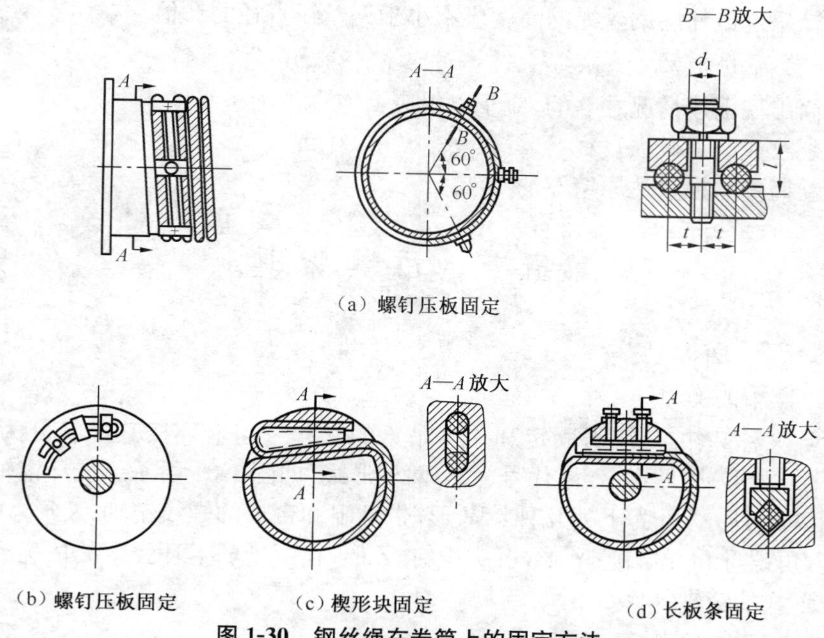

(a)螺钉压板固定

(b)螺钉压板固定　　(c)楔形块固定　　(d)长板条固定

图 1-30　钢丝绳在卷筒上的固定方法

(3)长板条固定　钢丝绳引入卷筒特制的槽内用螺钉和压板固定如图 1-30

(d)所示。

三、卷筒的安全使用和报废

1. 卷筒的安全使用

(1)钢丝绳允许偏斜角　钢丝绳在卷筒上绕进或绕出时总是沿卷筒做轴向移动,因而钢丝绳的中心线相对卷筒绳槽中心线产生了偏斜角度。如果偏斜角度过大,对于绳槽卷筒,钢丝绳会碰擦其槽口,引起钢丝绳擦伤及槽口损坏,甚至脱槽;对于光卷筒,则将使钢丝绳不能均匀排列而产生乱绳现象。因此,对于偏斜角度应加以限制。钢丝绳绕进或绕出卷筒时,钢丝绳偏离螺旋槽两侧的角度应不大于5°;对于光卷筒和多层缠绕卷筒,钢丝绳偏离与卷筒轴垂直平面的角度应不大于2°。

(2)卷筒上的固定装置　卷筒上钢丝绳尾端的固定装置,应有防松或自紧的性能。对钢丝绳尾端的固定情况,应每月检查一次。在使用的任何状态,必须保证钢丝绳在卷筒上保留不少于3圈的安全圈,也称为减载圈。在一定范围内钢丝绳尾的圈数保留得越多,绳尾的压板或楔块的受力就越小,也就越安全。如果取物装置在吊载情况的下极限位置过低,卷筒上剩余的钢丝绳圈数少于设计的安全圈数,就会造成钢丝绳尾受力超过压板或楔块的压紧力,从而导致钢丝绳拉脱,重物坠落。

(3)卷筒上的防护措施　卷筒筒体两端部有凸缘,以防止钢丝绳滑出。筒体端部凸缘超过最外层钢丝绳的高度应不小于钢丝绳直径的2倍。

2. 卷筒的报废

卷筒出现下述情况之一的,应予以报废:

①裂纹或凸缘破损。

②卷筒壁磨损量达原壁厚的10%。

第五节　吊具索具

一、卡环

1. 卡环的分类

卡环又称卸扣,是用来固定和扣紧吊索的。起重用卡环按其形状分为D形卡环(代号为D)和弓形卡环(代号为B)两种形式,如图1-31所示。卡环销轴的形式如图1-32所示,分为下列几种:W形,带环眼和台肩的螺纹销轴;X形,六角头螺栓、六角螺母和开口销;Y形,沉头螺钉;Z形,在不削弱卡环强度的情况下采用的其他形式的销轴。

2. 卡环使用的注意事项

(1)卡环必须是锻造的　一般是用20钢锻造后经过热处理而制成,以便消除

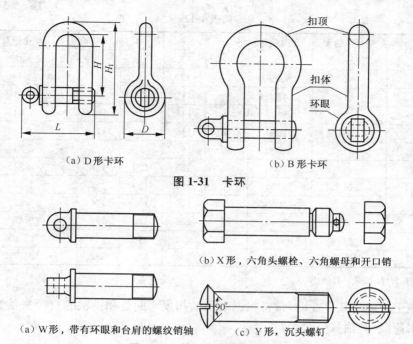

（a）D形卡环　　　　　　　　　　（b）B形卡环

图 1-31　卡环

（b）X形，六角头螺栓、六角螺母和开口销

（a）W形，带有环眼和台肩的螺纹销轴　（c）Y形，沉头螺钉

图 1-32　卡环销轴的几种形式

残余应力和增加其韧性。不能使用铸造和补焊的卡环。

（2）使用时不得超过规定的荷载　应使销轴与扣顶受力，不能横向受力。横向使用会造成扣体变形。

（3）吊装时使用卡环绑扎　在吊物起吊时应使扣顶在上，销轴在下，如图 1-31 所示。绳扣受力后压紧销轴，销轴因受力，在销孔中产生摩擦力，使销轴不易脱出。

（4）不得从高处往下抛掷卡环　以防止卡环落地碰撞而变形和内部产生损伤及裂纹。

（5）使用中应经常检查销轴和扣体　发现严重磨损变形或疲劳裂纹时，应及时更换。

3. 卡环的许用荷载

卡环的规格和许用荷载可参照表 1-12。

表 1-12　卡环的基本参数和许用荷载

卡环号	钢丝绳最大直径/mm	许用载荷/N	D	H_1	H	L	理论质量/kg
0.2	4.7	2000	15	49	35	35	0.039
0.3	6.5	3300	19	63	45	44	0.089
0.5	8.5	5000	23	72	50	55	0.162

续表 1-12

卡环号	钢丝绳最大直径/mm	许用载荷/N	D	H_1	H	L	理论质量/kg
0.9	9.5	9300	29	87	60	65	0.304
1.4	13	14500	38	115	80	86	0.616
2.1	15	21000	46	133	90	101	1.145
2.7	17.5	27000	48	146	100	111	1.560
3.3	19.5	33000	58	163	110	123	2.210
4.1	22	41000	66	180	120	137	3.115
4.9	26	49000	72	196	130	153	4.050
6.8	28	68000	77	225	150	176	6.270
9.0	31	90000	87	256	170	197	9.280
10.7	34	107000	97	284	190	218	12.400
16.0	43.5	160000	117	346	235	262	20.900

注：D、H_1、H、L 如图 1-31(a)所示。

施工现场吊装作业时，常常根据卡环的扣顶弯曲处和销轴的直径来估算卡环的许用荷载，其估算公式为：

$$[P]=45\left(\frac{d_1+d}{2}\right)^2 \qquad (式 1-4)$$

式中　$[P]$——卡环的许用荷载(N)；

　　　d_1——卡环弯曲处直径(mm)；

　　　d——横销直径(mm)。

二、吊索

吊索一般用钢丝绳制成，主要用于绑扎构件以便起吊。

1. 吊索的种类

吊索的种类大致可分为：可调捆绑式吊索、无接头吊索、压制吊索和插编吊索，如图 1-33 所示。还有一种是一、二、三、四腿钢丝绳钩成套吊索，如图 1-34 所示。

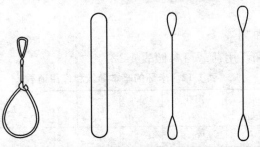

(a) 可调捆绑式吊索　(b) 无接头吊索　(c) 压制吊索　(d) 插编吊索

图 1-33　吊索

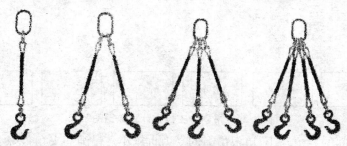

图 1-34 一、二、三、四腿钢丝绳钩成套吊索

2. 吊索钢丝绳拉力的计算

吊同样重的物件,吊索钢丝绳间的夹角不同,单根钢丝绳所受的拉力是不同的。一般用若干根钢丝绳吊装某一物体,如图 1-35 所示,由下式计算钢丝绳的承受力:

$$P=\frac{Q}{n}\times\frac{1}{\cos\alpha} \qquad (式1\text{-}5)$$

如果以 $K_1=\frac{1}{\cos\alpha}$ 并考虑到动荷载和若干根钢丝绳的荷载分配不均问题,则单根钢丝绳的承受力为:

$$P=K_1K_2K_3\frac{Q}{n} \qquad (式1\text{-}6)$$

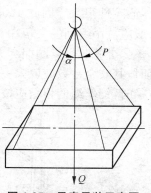

图 1-35 吊索吊装示意图

式中 P——钢丝绳的承受力;

Q——吊物重量;

n——钢丝绳的根数;

α——吊索钢丝绳分支与铅垂线的夹角;

K_1——随钢丝绳与铅垂线夹角 α 变化的系数,见表 1-13;

K_2——动荷载系数,一般 $K_2=1.1$;

K_3——荷载分配不均系数,一般 $K_3=1.2\sim1.3$。

表 1-13 随 α 角度变化的 K_1 值

α	0°	15°	20°	25°	30°	35°	40°	45°	50°	60°
K_1	1	1.035	1.064	1.103	1.154	1.221	1.305	1.414	1.555	2

忽略动荷载系数 K_2 和荷载分配不均系数 K_3 的影响,吊索钢丝绳间的夹角分别为 0°、60°、90°、120°、170°时,吊索分支拉力的计算数据如图 1-36 所示。

在吊装作业中,对吊索钢丝绳的使用应特别注意以下问题:

①如图 1-36 所示,吊索钢丝绳间的夹角越大,单根吊绳的受力也越大;反之,

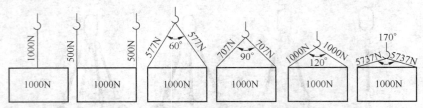

图1-36 吊索分支拉力计算数据图示

吊索钢丝绳间的夹角越小,单根吊绳的受力也越小。吊绳间夹角最好小于60°。

②如图1-36所示,捆绑方形物体起吊时,吊绳间的夹角有可能达到170°左右。此时,单根吊绳受到的拉力会达到所吊物体重量的5～6倍,吊绳很容易被拉断,危险性很大。因此120°可以看作是起重吊运中的极限角度。在吊装作业中,一般应使吊绳间的夹角在90°以内。另外,夹角过大,还容易造成脱钩。

③绑扎时吊索的捆绑方式也影响其安全起重量。在进行绑扎吊索的强度计算时,其安全系数应取大一些见表1-9,并在计算吊索钢丝绳拉力和确定钢丝绳的直径时,钢丝绳的根数应按图1-37所示进行折算。

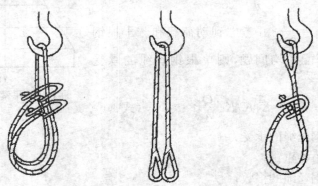

(a)折合1.4根绳受拉　　(b)折合1.5根绳受拉　　(c)折合0.7根绳受拉

图1-37 捆绑绳的折算

④钢丝绳的起重能力不仅与起吊钢丝绳之间的夹角有关,而且与捆绑时钢丝绳曲率半径有关。如图1-38所示,一般钢丝绳的曲率半径大于绳径6倍以上,起重能力不受影响。当曲率半径等于绳径的4～5倍时,起重能力降至原起重能力的85%;当曲率半径等于绳径的3～4倍时,降至80%;等于2～3倍时降至75%;等于1～2倍时降至65%;等于1倍以下时降至50%。

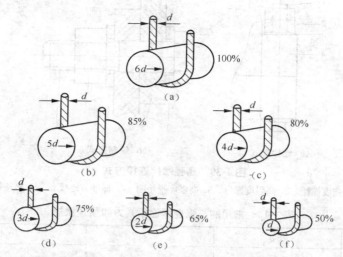

图 1-38　起吊钢丝绳的起重能力与其曲率半径的关系

第六节　高强度螺栓

高强度螺栓是连接塔式起重机结构件的重要零件。高强度螺栓副应符合GB/T 3098.1—2000 和 GB/T 3098.2—2000 的规定,并应有性能等级符合标识及合格证书。塔身标准节、回转支承等类似受力连接用高强度螺栓应提供荷载合格证明。

一、高强度螺栓的等级、分类和连接方式

高强度螺栓按强度可分为 8.8、9.8、10.9 和 12.9 四个等级,直径一般为 12～42mm。

高强度螺栓连接按受力状态可分为抗剪螺栓连接和抗拉螺栓连接。

塔身标准节的螺栓连接方式主要有连接套式和铰制孔式,如图 1-39 所示。连接套式螺栓连接的特点是螺栓受拉,对于主弦杆由角钢、方管和圆管制作的标准节连接均可适用。螺栓本身主要受拉力,因此要求螺栓有足够的预紧力,才能保证连接的安全可靠。片式塔身标准节各片之间的连接通常采用铰制孔式螺栓,螺杆主要承受剪力,螺杆与孔壁之间为紧配合。

二、高强度螺栓的预紧力和预紧力矩

高强度螺栓的预紧力和预紧力矩是保证螺栓连接质量的重要指标,它综合体现了螺栓、螺母和垫圈组合的安装质量,所以安装人员在塔式起重机安装、顶升升节时,必须严格按相关塔式起重机使用说明书中规定的预紧力矩(也称预紧扭矩)数值拧紧。常用的高强度螺栓预紧力和预紧扭矩见表 1-14。

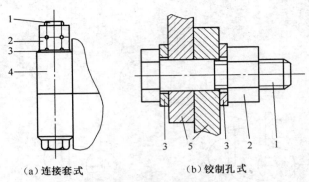

（a）连接套式　　　　（b）铰制孔式

图 1-39 高强螺栓连接方式

1. 高强度螺栓 2. 高强度螺母 3. 高强度平垫圈 4. 标准节连接套 5. 被连接件

表 1-14 常用的高强度螺栓预紧力和预紧扭矩

螺栓性能等级	8.8				9.8			10.9		
螺栓材料屈服强度/MPa	640				720			900		
螺纹规格	公称应力截面积 A_s	螺纹最小截面积 A_K	预紧力 F_{sp}	理论预紧扭矩 M_{ap}	实际使用预紧扭矩 $M=0.9M_{sp}$	预紧力 F_{sp}	理论预紧扭矩 M_{ap}	实际使用预紧扭矩 $M=0.9M_{sp}$	预紧力 F_{sp}	理论预紧扭矩 M_{ap}	实际使用预紧扭矩 $M=0.9M_{sp}$
mm	mm²		N	N·m	N	N·m	N	N·m	N	N·m	
18	192	175	88000	290	260	99000	325	292	124000	405	365
20	245	225	114000	410	370	128000	462	416	160000	580	520
22	303	282	141000	550	500	158000	620	558	199000	780	700
24	353	324	164000	710	640	184000	800	720	230000	1000	900
27	459	427	215000	1050	950	242000	1180	1060	302000	1500	1350
30	561	519	262000	1450	1300	294000	1620	1460	368000	2000	1800
33	694	647	326000			365000			458000		
36	817	759	328000			430000			538000		
39	976	913	460000	由实验决定		517000	由实验决定		646000	由实验决定	
42	1120	1045	526000			590000			739000		
45	1300	1224	614000			690000			863000		
48	1470	1377	692000			778000			973000		

三、高强度螺栓的安装使用

①安装前先对高强度螺栓进行全面检查,核对其规格、等级标志,检查螺栓、螺母及垫圈有无损坏,其连接表面应清除灰尘、油漆、油迹和锈蚀。

②螺栓、螺母、垫圈配合使用时，必须使用平垫圈，绝不允许采用弹簧垫圈；塔身高强度螺栓必须采用双螺母防松。

③应使用力矩扳手或专用扳手，按使用说明书要求拧紧。

④高强度螺栓安装方向宜采用自下而上穿插，即螺母在上面。

⑤高强度螺栓、螺母使用后拆卸，再次使用一般不得超过两次。回转支承的高强度螺栓、螺母拆除后，不得重复使用，且全套高强度螺栓、螺母必须按原件的要求全部更换。

⑥拆下将再次使用的高强度螺栓、螺母，必须无任何损伤、变形、滑牙、缺牙、锈蚀及螺纹表面粗糙度变化较大等现象；反之则禁止用于受力构件的连接。

第七节　制　动　器

由于塔式起重机有周期及间歇性的工作特点，使各个工作机构经常处于频繁起动和制动状态，制动器成为塔式起重机各机构中不可缺少的组成部分。制动器既是机构工作的控制装置，又是保证塔式起重机作业的安全装置。制动器摩擦副中的一组与固定机架相连；另一组与机构转动轴相连，其工作原理是：当摩擦副接触压紧时，产生制动作用；当摩擦副分离时，制动作用解除，机构可以运动。

制动器按工作状态一般可分为常闭式制动器和常开式制动器。

常闭式制动器在机构处于非工作状态时，制动器处于闭合制动状态；在机构工作时，操纵机构先行自动松开制动器。塔式起重机的起升和变幅机构均采用常闭式制动器。

常开式制动器平常处于松开状态，需要制动时通过机械或液压机构来完成。塔式起重机的回转机构采用常开式制动器。

一、JWZ 型电磁制动器的结构及调整

JWZ—100～300 型交流电磁制动器是国产塔式起重机上最常用的一种制动器，其构造如图 1-40 所示。

JWZ—100～300 电磁制动器闸瓦间隙的调整方式如下：

将螺母④沿推杆 4 移动到制动臂上端支点处，使制动瓦张开。用调整螺母⑤确定两制动瓦 18 离开制动轮相同间隙。调整完毕后，将螺母④贴紧螺母③，使之不能沿推杆 4 移动。制动轮与制动瓦的间隙与制动轮直径有关，对于直径 200mm 的制动轮，最大间隙为 0.8mm，初始间隙宜为 0.5mm。直径 300mm 的制动轮间隙达到 1mm 时，必须立即调整到 0.7mm。

JWZ—100～300 电磁制动器制动力矩的调节方式如下：

夹住螺母③，转动推杆 4 使主弹簧 24 有必要的压缩量，从而使弹簧力足以产生所要求的制动力矩。主弹簧调整完毕后，必须把螺母 4 锁紧。调整时，应注意

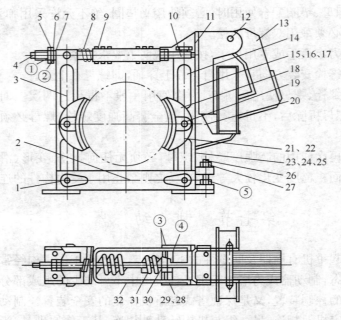

图 1-40　JWZ—100～300 型交流电磁制动器

1、12、19. 销轴　2. 底座　3. 左制动臂　4. 推杆　5、27. 调整螺母　6、7. 球面垫圈
8. 辅助弹簧　9、17、25. 垫圈　10. 叉板　11. 油嘴　13. 电磁铁　14. 右制动臂　15、28. 螺栓
16、24. 螺母　18. 制动瓦　20. 螺钉　21. 顶定头　22. 弹簧　23、26. 螺栓
29. 垫圈　30. 固定垫　31. 主弹簧　32. 拉板

掌握弹簧压缩量。

二、YWZ 型液压推杆制动器的结构及调整

YWZ 型液压推杆制动器常用的是 YWZ—150、YWZ—200、YWZ—250 和
YWZ—300 四种,其制动轮直径分别为 150mm、200mm、250mm 及 300mm,其构
造如图 1-41 所示。

液压推杆制动器的闸瓦在弹簧 9 作用下抱住制动轮 7。当重物起升时,电力
液压推动器 1 的电动机和起升机构电动机同时通电运转,带动液压泵工作,油压
使活塞杆 2 上升。推动杠杆板 3,使推杆 4 移动,促使闸瓦松开。起升停止时,电
力液压推动器 1 的电动机停转,液压泵停止工作,活塞推杆 2 在弹簧 9 的作用下
落下来,推杆 4 回复到原位,闸瓦又重新抱紧制动轮而制动。

通过调整推杆 4 的长度,可使闸瓦间隙得到调整,合适的间隙宜为0.3～
0.5mm。调整螺钉 10 可保证左、右闸瓦间隙保持均匀。

液压推动器一般用 20 号机油,0℃～20℃时用 10 号变压器油,严寒地区用 25
号变压器油。

闸瓦摩擦面必须保持清洁,不得有油污。

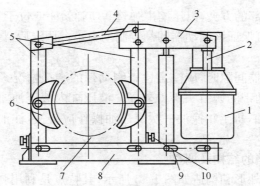

图 1-41 YWZ 型液压推杆制动器

1. 电力液压推动器　2. 活塞推杆　3. 杠杆板　4. 推杆　5. 制动臂
6. 闸瓦　7. 制动轮　8. 底座　9. 弹簧　10. 调整螺钉

三、YDWZ 型液压电磁制动器的结构及调整

YDWZ 型液压电磁制动器,主要由制动器和液控电磁铁两部分组成,构造如图 1-42 所示。间隙调整装置 18 又称松闸间隙均衡装置,设于左、右制动臂 10、17 的外侧,由连接板、螺栓、压片、管及弹簧组成。通过调节螺栓可使弹簧长度得到调整,并使弹簧作用于左、右制动臂 10、17 上的力矩相等。当液压电磁铁 1 吸合,打开制动器架时,在两个相等力矩反作用下,左、右制动臂 10、17 乃各自向外侧转动一相等角度,使左、右制动瓦 13、16 打开的间隙相等。

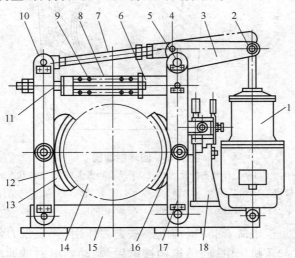

图 1-42 YDWZ 型液压电磁制动器

1. 液压电磁铁　2. 推杆　3. 杠杆　4、5. 销轴　6. 弹簧座　7、11. 拉杆　8. U 形弹簧架
9. 制动弹簧　10. 左制动臂　12. 制动瓦闸衬　13、16. 制动瓦　14. 制动轮　15. 底座
17. 右制动臂　18. 调整装置

这种液压电磁制动器的制动力矩可按下述方式进行调整:借助螺母松开拉杆

11,拧动拉杆 11 尾部的方夹,以压缩主弹簧 9 使弹簧座 6 位于 U 形弹簧架 8 侧面两条刻线之间,即可保证该制动器的额定制动力矩。调定后,将螺母拧紧,以防止其制动松动。

检查调整制动器间隙时,应注意检查制动带的磨损情况,磨损量不得超过带厚的一半,铆合制动带的铆钉头不得外露。液压缸内液压油要保持清洁,一般用 DB—25 号变压器油,每半年换油一次。注油操作应缓慢,注油后应打开放气塞,以排尽缸内空气。

四、回转制动器的结构及调整

这种制动器的外形和构造如图 1-43 所示,其特点是利用弹簧作用抱闸,借电磁铁作用松闸,另有手动操纵偏心杆松闸装置。

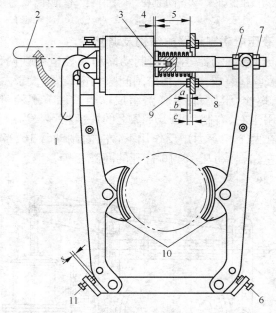

图 1-43　回转制动器

1. 手动松闸操纵杆(工作状态时位置)　2. 手动松闸操纵杆(非工作状态时的位置)
3. 螺钉　4. 组装距离　5. 弹簧长度　6、9. 锁紧螺母　7、8. 调整螺母
10. 制动瓦　11. 止动螺钉　a—有效间隙　b—备用间隙　c—总间隙　s—调整间隙

切断塔式起重机电源,回转机构电磁铁失去作用,弹簧张力使制动瓦抱紧制动轮。恢复塔式起重机供电,回转机构接电后,制动器电磁铁通电松闸。调整止动螺钉 11,使两制动瓦相等地放松(即两侧间隙相等,约 0.6mm)。s 为螺钉与制动臂之间的间隙(0.1～0.3mm)。

使用过程中,若发现图 1-43 所示的组装距离 4 减小到 1mm 左右时,应立即调整回转机构制动器的制动力矩。旋松锁紧螺母 6 及调整螺母 7,通过调整螺母

7张拉螺杆,使螺钉3从松闸磁铁中拉出相当组装距离的长度(12mm),最后旋紧锁紧螺母6。旋松锁紧螺母9及调整螺母8,使弹簧张开到自然长度5,然后旋紧锁紧螺母及调整螺母。

电磁控制的回转制动器制动效果只能通过制动时间的测定结果得出适当评价。测试时,小车处于最大幅度,吊钩空载起升到高处。

如一台塔式起重机装2套回转机构时,应分别逐台单独测试各回转机构的制动时间。如测试时有风,应测定两次,即一次为顺风制动时间,一次为逆风制动时间。测试时,必须先使回转速度逐档加速到全速回转,然后切断电源制动。在测试某台回转机构制动时间时,其他回转机构均应处于松闸状态。德SK280自升式塔式起重机回转制动时间见表1-15。

表1-15 德SK280自升式塔式起重机回转制动时间表

最大幅度/m	37.6	43.4	49.2	55.0	60.8
回转制动器数量	1	1	2	2	2
回转制动时间/s	5.5	6.5	7.2	8.3	9.2

五、带随风转装置的回转制动器的调整

法国POTAIN公司F0/23B及H3/36B型塔式起重机等都装有带随风转装置的回转制动器。如图1-44所示,制动器部分主要由制动片座1、压紧弹簧4、活动衔铁2及电枢3等组成。活动衔铁2刚性固定在制动片座1上。工作时,电枢3通电吸住活动衔铁2及制动片座1,制动片与回转机构电磁离合器钟罩部件18脱离接触,臂架自由转动,如图1-44(a)所示。切断电枢3电源时,活动衔铁2及制动片座1便与电枢3脱开,而在弹簧的推压下紧抵离合器的钟罩部件18,使臂架停止转动,如图1-44(b)所示。

随风转自动系统的工作过程是:工作班结束时,压下随风转按钮"A",如图1-44(c)所示,电枢3及电磁铁11便分别接通电压为20V的直流电。电枢吸住活动衔铁2及制动片座1,并进而推动松闸杆8;通过止动螺母7、调节板10和弹簧片6也可进行相同的动作。电磁铁11吸引扳机14,并压下微动开关12。这时,随风转信号灯"B"点亮。切断电枢3的电源后,电磁铁11仍能短时带电工作。电枢3断电后,活动衔铁2、制动片座1及松闸杆8处于弹簧4的压力之下。由于螺母7的作用,调节板10抵住扳机14之后,制动片座1即停止运动。

松开随风转按钮"A"后,电磁铁的电源断开。但是,在控制杆13的压力下,扳机14仍处于被吸住位置。此后,电控柜上的随风转信号灯"B"一直点亮,表明随风转装置有效,起重臂可随风回转,如图1-44(c)所示。切断电源后,信号灯"B"熄灭。当塔吊驾驶员开始工作后,随风转装置便又自动松闸。

如果随风转自动系统失效,可按图1-45所示进行手动操纵。

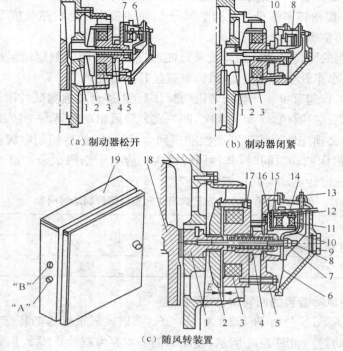

（a）制动器松开　　　（b）制动器闭紧

（c）随风转装置

图 1-44　带随风转装置的回转制动器
1. 制动片座　2. 活动衔铁　3. 电枢　4. 压紧弹簧　5. 外壳　6. 弹簧片　7. 止动螺母
8. 松闸杆　9. 端盖　10. 调节板　11. 电磁铁　12. 微动开关　13. 控制杆　14. 扳机　15. 凸轮
16. 拉簧　17. 定位螺栓　18. 钟罩部件　19. 电控柜

如图 1-44（c）所示，活动衔铁 2 与电枢 3 之间的间隙 E 约为 0.6mm，其调整方式如下：先旋松定位螺栓 17，借助螺钉旋具使活动衔铁 2 完全与电枢 3 相接；然后重新穿上定位螺栓 17，使活动衔铁 2 上相对应的 3 个螺栓孔对正，拧紧螺栓，直至间隙 E 达到 0.6mm。

随风转装置的调节方法是：如图 1-44 所示，首先卸下端盖 9，利用套筒扳手旋松螺母 7，直至松闸杆 8 能不费力地上、下、左、右操纵为止。

（1）在制动器电源接通情况下，随风转装置调整程序如下

①按下左转或右转的控制开关，使电枢 3 得到脉冲电流。

②旋紧止动螺母 7，直至调节板 10 抵住扳机 14。

③在调节板 10 的压力下，扳机 14 必须维持不动。

④轻微旋松螺母 7，直至扳机 14 在拉簧（回动弹簧）16 作用下回复到初始静止位置。

⑤确信扳机 14 不与调节板 10 粘连，并能自由绕铰点转动，否则必须继续旋松螺母 7。

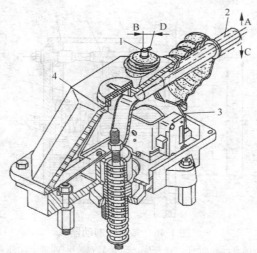

图 1-45　F0/23B 型塔式起重机回转机构随风转装置手动松闸操纵系统示意图
1. 操纵柄　2. 松闸杆　3. 扳机　4. 调节板

在随风转装置经过适当调整之后,应仔细检查电磁离合器钟罩部件 18 的自由转动情况,如符合要求,再合上端盖 9。

(2)在制动器电源断开情况下,随风转装置的调整程序如下

①按下向左转或向右转的控制开关,使电枢 3 得到一脉冲电流。

②旋紧止动螺母 7(螺距为 1.5mm)约旋紧 1/3 圈,使随风转装置发挥效用。

③核查电磁离合器钟罩部件 18 的自由转动情况是否灵活。

④重新合上端盖 9。

应当注意,在检修制动器之后(如更换了制动器的一些零部件,或调整了间隙 E),必须对随风转装置进行相应的调整。当制动片磨损或操纵柄在制动位置处无间隙时,必须及时调整随风转装置。如随风转信号灯不亮,也必须查明情况,并进行适当调整。

六、盘式回转制动器的结构及调整

意大利自升式塔式起重机回转机构,多采用盘式制动器(或称片式制动器),制动器设在电动机尾部,成为电动机的一个组成部分。多盘式制动器构造如图 1-46所示。

图 1-47 所示为单盘式制动器,主要由电磁铁 7、制动盘 8、定位螺栓 5 及活动衔铁 6 等组成。活动衔铁 6 固定在制动盘 8 的座套上,制动盘可沿电动机外壳 10 的导向槽滑移。制动盘 8 与电动机冷却风扇 11 相对的表面贴有摩擦制动片。回转机构通电时,电磁铁 7 通电吸住活动衔铁 6,由于活动衔铁 6 紧固在制动盘 8 的座套上,使制动盘被迫向电磁铁移动,弹簧受压,制动盘 8 与电动机风扇叶脱离接触,电动机轴自由转动。旋松锁紧螺母 3,压紧调整套 2,以增强对弹簧 4 的压力,

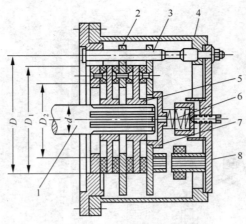

图 1-46 多盘式制动器

1. 轴 2. 固定圆盘 3. 导杆 4. 外壳 5. 旋转盘 6. 弹簧 7. 压盖 8. 电磁铁

便可加大制动力矩;反之,减小调整套 2 对弹簧 4 的压力,便可减弱制动力矩。

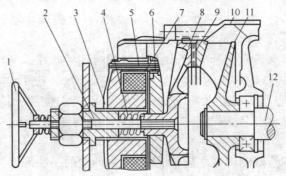

图 1-47 盘式回转制动器

1. 松闸手轮 2. 调整套 3. 锁紧螺母 4. 弹簧 5. 定位螺栓 6. 活动衔铁 7. 电磁铁
8. 制动盘 9. 制动片 10. 电动机外壳 11. 电动机风扇叶片 12. 电动机轴

电磁铁 7 与活动衔铁 6 之间的间隙应为 0.3mm,不得超过 0.5mm。此项间隙的调整方法是:卸下端盖,取出定位螺栓 5,使活动衔铁 6 不受制约。用一把螺钉旋具拨动活动衔铁 6 外绝缘凹槽,使活动衔铁 6 与电磁铁 7 接触。重新装上定位螺栓 5 并旋进活动衔铁 6,待三孔对中后,再完全拧紧定位螺栓 5,直至间隙达到 0.3mm。

必须注意,电磁铁 7 与活动衔铁 6 之间的间隙过大,将导致制动片 9 磨损加剧。这时虽然电磁铁 7 通电,但制动片 9 并未松开,电动机仍然强制在制动状态下运行,短时间还会烧坏电动机。为此,必须经常检查此项间隙,并进行适当的调整。调整时,一定要以合适为度,否则制动力矩过大,将会产生猛烈制动,使结构受到损害。

制动片应保持清洁,不得沾有油污,否则应及时更换。

工作班结束后,应转动松闸手轮 1,放开制动器,使臂架可随风回转。工作班开始时,必须检查松闸手轮 1 的正确位置,以免误操作。

七、小车行走制动器的结构和调整

如图 1-48 所示为德国 PEINER 和 SK 系列塔式起重机小车牵引机构用的盘式制动器。这种制动器附装在电动机尾部。

这种制动器在使用过程中,如出现制动作用过于强烈、过分软弱或因制动片磨损而使间隙太大时,均应及时调整。调试程序如下:

若制动作用过于强烈,可先将弹簧定位螺杆 1 上的三个螺母 8、9、11 各旋松半圈,然后接通电源开动电动机试运行。如制动作用仍然过分强烈,则继续将螺母旋松,直至制动平稳,力度适当。若制动作用过弱,则应先将螺母各旋紧半圈,然后试运行,并重复上述操作,直至取得满意的制动效果。

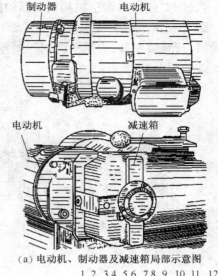

(a) 电动机、制动器及减速箱局部示意图

(b) 盘式制动器的构造

图 1-48　小车牵引机构盘式制动器

1. 定位螺杆　2. 端罩　3. 制动片　4. 制动板
5. 活动衔铁　6. 弹簧　7. 电枢　8. 调整螺母
9、11. 锁紧螺母　10. 电枢座板　12. 固定螺母

在电动机静止、电磁铁带电的情况下,电枢 7 与活动衔铁 5 之间的间隙 s 宜为 $0.8\sim1$mm。间隙正常时,电磁铁吸合衔铁应无振动现象。间隙 s 的调整程序如下:

①旋松前后两个锁紧螺母 9、11,使电枢座板 10 移向锁紧螺母 11 并靠紧。

②在增大了的间隙 s 中插入适当厚度的塞尺或插入厚约 0.7mm 的薄铁皮。

③重新推回电枢座板 10,使电枢 7 与活动衔铁 5 相接近,此时,塞尺留在原插入位置不需拔出。

④均衡地微微旋紧锁紧螺母 9、11。

⑤旋紧前锁紧螺母 9 并固定,检查电磁铁周边间隙是否保持一致,随后用 0.8mm 厚的铁片或塞尺复核间隙 s。

电压过低会对这种盘式制动器的可靠性产生不利影响。电压下降幅度不得超过 15%,否则会导致电动机本身及制动器发生故障。

八、DPC型小车牵引机构制动器的结构和调整

DPC型小车牵引机构用于F0/23B型自升式塔式起重机。主要由三速笼型电动机、行星减速器、带绳槽的钢丝绳卷筒、制动器及限位开关组成,其构造及工作原理如图1-49所示。

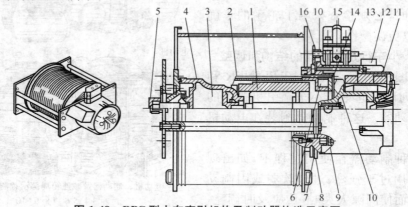

图1-49　DPC型小车牵引机构及制动器构造示意图

1. 有两个独立绕组的、采用星形连接的定子　2. 笼型异步电动机　3. 行星减速器
4. 减速器外壳　5. 行星传动输出轴　6. 齿圈　7. 齿圈　8. 卷扬机轴承座　9. 衔铁带制动片
10. 制动盘　11. 蠕动速度定子绕组　12、13. 接线盒及锁止装置　14. 销栓
15. 小车行程限位开关　16. 小齿轮

这种小车牵引机构有高、中、低、蠕动四个速度。制动器的主要特点是有良好的温升监控和断电保护装置,可在电压下降达20%的情况下照常工作。制动片间隙允许达到3mm而无需调整。

如图1-49所示,小车制动器由电枢、衔铁带制动片9及制动盘10等组成。电枢装在卷扬机轴承座8上,销栓14兼有定位和导向作用,衔铁带制动片9可顺着三根销栓滑动。

这种小车牵引机构出厂时,制动器的制动片间隙调定为0.8mm。保养时,可通过检查孔用塞尺检查间隙。若间隙达到3.3mm时,必须更换活动衔铁,因为衔铁与制动片做成一体。

在产生蠕动速度的定子绕组损坏时,必须对制动片间隙进行调整。间隙调定范围为0.8±0.1mm(即0.7~0.9mm),可通过检查孔核查。

九、RCS起升机构制动器的调整

RCS起升机构用于F0/23B型自升式塔式起重机,共有五种起升速度和五种下降速度,采用双电动机驱动,每台电动机各配有一套制动器。制动器装于电动机尾端,属于盘式电磁制动器,其构造及工作原理如图1-50所示。

如图1-50所示,制动盘1用键套装在电动机轴上,可在两固定摩擦盘2、9之间转动。摩擦盘2刚性固定在电动机壳上,而摩擦盘9则可顺着三根相间120°的定位螺栓3滑移。

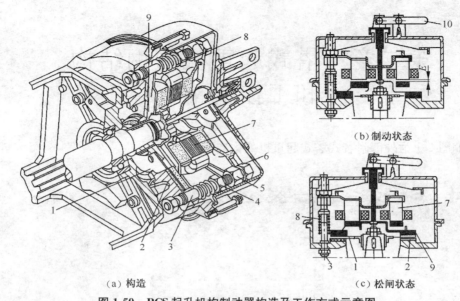

图 1-50 RCS 起升机构制动器构造及工作方式示意图

1. 制动盘 2、9. 摩擦盘 3. 定位螺栓 4. 锁紧螺母 6、5. 调整螺母

7. 电磁铁 8. 弹簧 10. 松闸手柄

此制动器工作过程是:电磁铁 7 电源断开时,弹簧 8 立即推动摩擦盘 9,压迫制动盘 1 并使之紧抵住摩擦盘 2。摩擦盘 9 即活动衔铁盘,其上固定有环状制动片。制动片与制动盘 1 紧密压接,产生制动作用。

电磁铁 7 通电时,活动衔铁连同摩擦盘 9 被吸住,弹簧 8 压缩,用键套装在电动机轴上的制动盘 1 便被松开而自由转动。

松闸手柄 10 用来人工推回活动摩擦盘 9,使制动盘 1 可以自由转动。当施工现场突然停电或出现其他故障时,起升机构不能正常工作,可借助此松闸手柄慢慢地放松制动盘 1,使高悬空中的重物平稳地下落到地面上。

间隙 E[如图 1-50(b)所示]的调整方法是:旋松调整螺母 6 及 5,调整并用塞尺检查,必须使间隙 E 等于 0.6mm。

如果电动机轴上同时用键套装有两块制动盘,并分别嵌置在三块摩擦盘中,其中一块摩擦盘固定在电动机外壳上,而另两块可顺着三根相间 120°的定位螺栓滑动。调整间隙 E 时,可按同法旋松调整螺母,间隙大小用塞尺测定,必须等于 0.8mm。

制动力矩的调整程序是:均匀地逐个调紧三个锁紧螺母 9,使弹簧适度压缩,务必使三根定位螺栓上的弹簧长度完全相等。调整后进行静载试验,试验荷载为 1.3 倍最大额定荷载,不得有溜车现象。

对制动器应经常进行清洁,水泥、砂、尘土等必须清除干净。定期检查摩擦制动盘的磨损情况,并及时更换。

第二章　塔式起重机的钢结构和工作机构

如图 2-1 为外部附着式塔式起重机的构造组成。

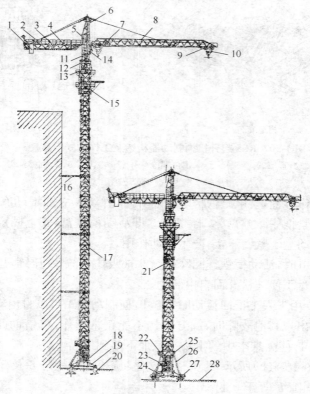

图 2-1　外部附着式塔式起重机

1. 平衡重　2. 起升机构　3. 平衡重移动机构　4. 平衡臂　5. 电气室　6. 塔顶　7. 小车牵引机构
8. 水平吊臂 9. 起重小车　10. 吊钩　11. 回转机构　12. 回转支承　13. 顶升机构　14. 驾驶室
15. 顶升套架　16. 附着装置　17. 塔身　18. 底架　19. 活络支腿　20. 基础　21. 电梯
22. 电梯卷扬机　23. 压铁　24. 电缆卷筒　25. 电梯节　26. 斜撑　27. 行走台车　28. 钢轨

第一节　塔式起重机的钢结构

在建筑施工过程中,塔式起重机主要担负着建筑材料的垂直与水平运输,钢结构是塔式起重机的重要组成部分,占整机自重 80% 以上。由于工作繁忙,并受到荷载的变化作用,所以,必须保证钢结构在强度、刚度、稳定性等方面的性能要求,塔式起重机才能够正常、安全、可靠地工作。塔式起重机金属结构由塔身、起重臂、平衡臂、塔帽和驾驶室、回转总成、顶升套架、底架、附着装置等组成。

一、塔身

塔身是塔式起重机结构的主体,支撑着塔式起重机上部分的重量和荷载的重量。通过底架或行走台车将塔吊的重量和荷载的重量直接传到塔式起重机基础上,其本身还要承受弯矩和垂直压力。

塔身结构大多用角钢焊成,也有采用圆形、矩形钢管焊成。目前塔身均采用方形断面,其腹杆形式有 K 字形、三角形、交叉腹杆等,如图 2-2 所示。

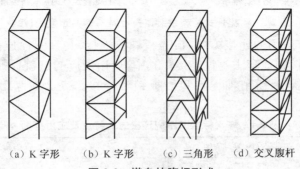

（a）K 字形　（b）K 字形　（c）三角形　（d）交叉腹杆

图 2-2　塔身的腹杆形式

塔身节的构造形式分为全焊接整体结构(标准节)和拼装式结构(由单片桁架或 L 形桁架拼装而成)。整体结构的优点是安装方便,节时省工,缺点是运输或堆存时占用空间大,费用高。拼装式结构加工精度高,制作难度大,但堆放占地小,运费低,如图 2-3 所示。

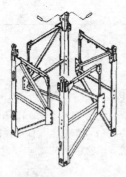 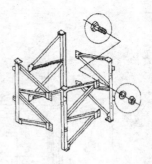

（a）主弦杆及腹杆均采用角钢，节与节之间　　　　（b）主弦杆及腹杆均采用角钢，节与节之间采用
采用承插板销轴连接的片式拼装塔身节　　　　　　法兰盘螺栓连接的片式拼装塔身标准节

图 2-3　4 榀片式桁架拼装塔身标准节构造示意图

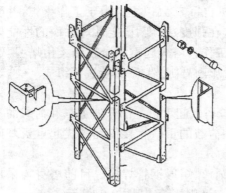
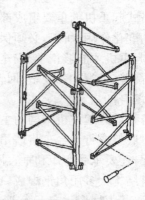

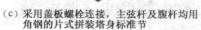

（c）采用盖板螺栓连接，主弦杆及腹杆均用   （d）主弦杆及腹杆采用钢管，节与节之间采用
角钢的片式拼装塔身标准节   套柱螺栓连接的片式拼装塔身标准节

图 2-3　4 榀片式桁架拼装塔身标准节构造示意图（续）

塔身标准节采用的连接方式有：盖板螺栓连接、套柱螺栓连接、承插销轴连接、插板销轴连接和瓦套法兰盘连接。其中，应用最广的是盖板螺栓连接和套柱螺栓连接，其次是承插销轴连接和插板销轴连接。表 2-1 为几种连接方式的对比。

表 2-1　塔身标准节不同连接方式特点及应用范围

类　型	构造简图	特点及应用范围
盖板螺栓连接		螺栓受剪，采用普通碳素结构钢制作。适用于角钢主弦杆塔身标准节的连接。工艺简单、加工容易、安装方便、应用最广
套柱螺栓连接		套柱采用企口定位，螺栓受拉，用低合金结构钢制作。适用于方钢管或角钢主弦杆塔身标准节的连接。加工工艺要求较复杂，安装速度较快

续表 2-1

类 型	构 造 简 图	特点及应用范围
承插销轴连接	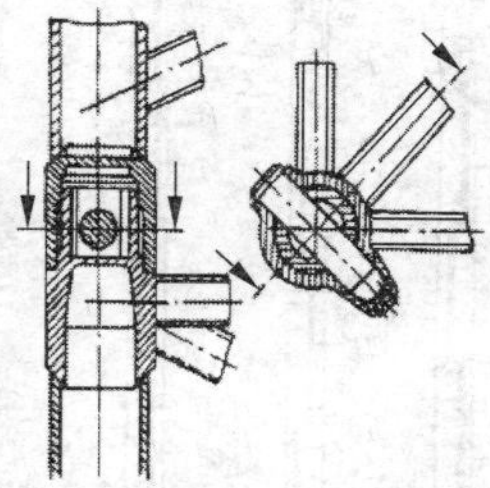	销轴受剪,采用低合金结构钢制作。适用于钢管主弦杆塔身标准节的连接。工艺要求高,加工难度大,安装速度快
插板销轴连接	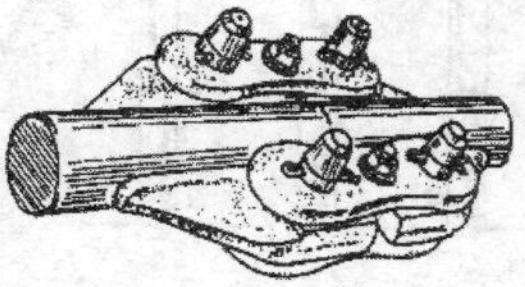	销轴受剪,采用低合金结构钢制作。适用于重型或超重型塔式起重机的以实心圆钢为主弦杆的塔身结构标准节的连接。加工难度较大,安装速度快
瓦套螺栓连接	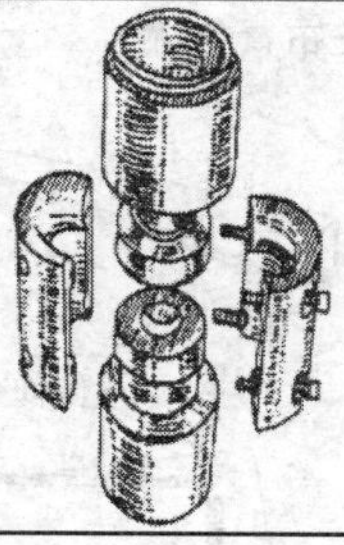	连接螺栓采用普通连接螺栓,直径较小,适用于圆钢管主弦杆塔身标准节的连接。加工难度大,安装方便迅速

塔身节内必须设置爬梯,以便工作人员上下。爬梯宽度不宜小于 500mm,梯级(踏步)间距应上下相等,并应不大于 300mm。当爬梯高度大于 5m 时,应从高 2m 处开始装设直径为 650～800mm 的安全护圈,相邻两圈的间距为 500mm,安全护圈之间用 3 根均布的竖向系条相连。安全护圈应能承受来自任何方向的 10kN 的冲击力而不折断。当爬梯高度超过 10m 时,梯子应分段转接,在转接处应加设一道休息平台。休息平台的开孔应有活动盖板,开孔尺寸宜为 700mm× 400mm,应与梯子相匹配。爬梯布置方式如图 2-4 所示。

二、起重臂

1. 起重臂的形式

起重臂简称吊臂,按构造形式可分为:小车变幅水平起重臂;俯仰变幅起重臂,简称动臂;伸缩式小车变幅起重臂;折曲式起重臂。如图 2-5 所示。本书主要介绍小车变幅水平起重臂。

2. 小车变幅水平起重臂

小车变幅水平起重臂是塔式起重机广泛采用的一种起重臂形式。其特点是吊重荷载通过变幅小车沿起重臂全长进行水平位移,并能平稳、准确地安装就位。

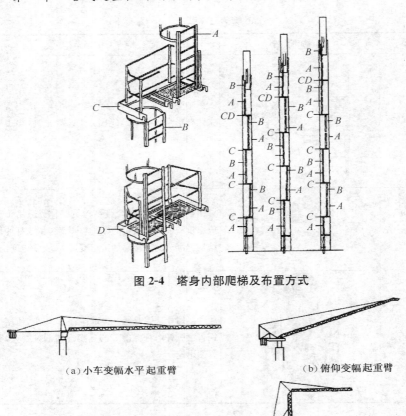

图 2-4   塔身内部爬梯及布置方式

（a）小车变幅水平起重臂　　　　　　　　（b）俯仰变幅起重臂

（c）伸缩式小车变幅起重臂 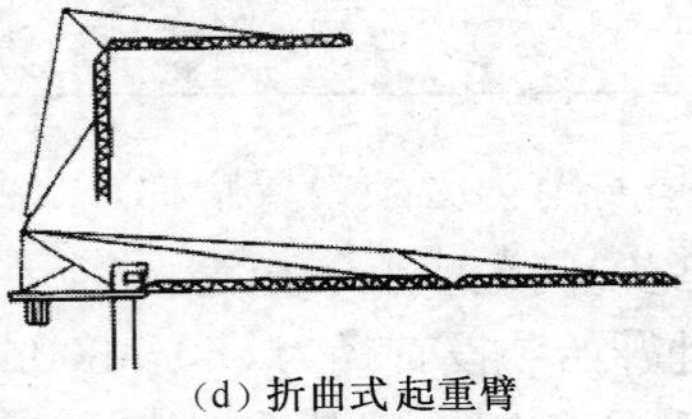　　　　　　　　（d）折曲式起重臂

图 2-5   塔式起重机起重臂的四种形式

（1）小车变幅水平起重臂的构造   小车变幅起重臂通常由若干个不同长度的起重臂标准节组成。常用的标准节长度有 6m、7m、8m、10m、12m 五种。为便于组合，除标准节如图 2-6 所示外，一般都配设 1～2 个 3～5m 长的连接节、一个根部节、一个首部节和一个端头节如图 2-7 所示。端头节构造应当简单轻巧，配有小车止挡缓冲装置、小车牵引绳换向滑轮、起升绳端头固定装置。端头节长度不计入起重臂总长，但可与任一起重臂标准节配装，形成一个完整的起重臂。

（2）起重臂拉杆构造   俯仰变幅起重臂一般都采用柔性拉杆（或称钢丝绳拉索），而小车变幅起重臂既可采用柔性拉杆，也可采用刚性组合拉杆。目前，自升式塔式起重机小车变幅起重臂大多采用刚性组合拉杆。由于选用材料不同，刚性组合拉杆又可区分为扁钢拉杆、实心圆钢拉杆、厚壁无缝钢管拉杆及角钢对焊方形断面空腹拉杆。扁钢拉杆可用 Q235 或 16Mn 制作，圆钢拉杆用 16Mn 制作，连

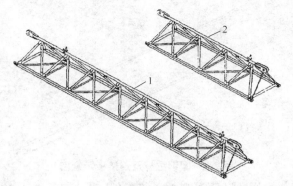

图 2-6 小车变幅起重臂标准节示意图

1. 长节 2. 短节

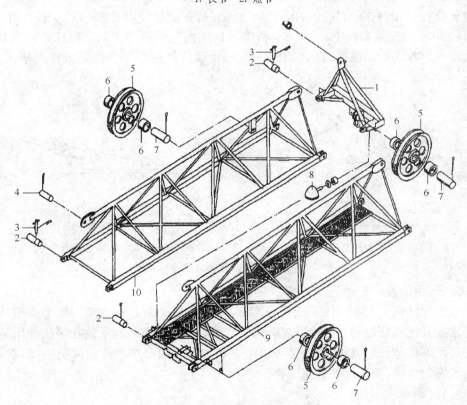

图 2-7 小车变幅起重臂的根部节、首部节与端头节示意图

1. 端头节示意图 2. 连接销轴 3. 定位销 4. 连接销轴 5. 换向滑轮 6. 挡圈
7. 滑轮轴 8. 小车缓冲止挡装置 9. 起重臂根部节 10. 起重臂首部节

接销轴材质为 40Cr 或 40CrMo，直径一般取为 50～75mm。如图 2-8 所示为圆钢
拉杆及连接板示意图。

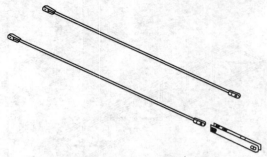

图 2-8 圆钢拉杆及连接板示意图

根据起重臂截面构造及臂头起重量等条件,50m 双吊点小车变幅起重臂的拉杆长度,一般长拉杆长 36～38m,短拉杆长 13～15m;60m 双吊点小车起重臂,一般长拉杆长 44～50m,短拉杆长 15～20m。每根刚性组合拉杆由若干长度介于6～9m(视构造需要而定)的拉杆标准节和长度在 1～5m 范围内的拉杆非标准节,通过连接板及销轴连接而成。图 2-9 为起重臂拉杆在小车变幅起重臂上弦吊点的构造示意图。

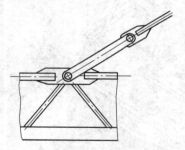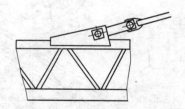

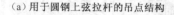

(a)用于圆钢上弦拉杆的吊点结构　　　(b)用于角钢对焊矩形截面钢管上弦拉杆的吊点结构

图 2-9 两种常用拉杆吊点构造示意图

三、平衡臂

上回转塔式起重机均需配设平衡臂,其功能是平衡起重力矩。除平衡重外,还常在其尾部装设起升机构。起升机构之所以同平衡重一起安放在平衡臂尾端,一是可发挥部分配重作用,二是可以增大钢丝绳卷筒与塔帽导轮间的距离,有利钢丝绳的排绕,避免发生乱绳现象。

1. 平衡臂形式

如图 2-10 所示,常用平衡臂有以下几种形式。

(1)平面框架式平衡臂 由两根槽钢纵梁或槽钢焊成的箱形断面组合梁和杆系构成,在框架的上平面铺有走道板,道板两旁设有防护栏杆。这种臂架的特点是结构简单易加工。

(2)三角形断面桁架式平衡臂 分为正三角形和倒三角形两种形式。此类平衡臂的构造与平面框架式起重臂结构相似,但较为轻巧,适用于长度较大的平衡臂。

(3)矩形断面桁架式平衡臂 适用于小车变幅水平臂架较长的超重型塔式起重机。

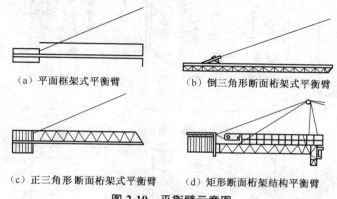

(a)平面框架式平衡臂   (b)倒三角形断面桁架式平衡臂

(c)正三角形断面桁架式平衡臂   (d)矩形断面桁架结构平衡臂

图 2-10 平衡臂示意图

2. 平衡重

平衡重属于平衡臂系统组成部分。平衡重用量很是可观,轻型塔式起重机一般至少要用 3～4t 平衡重,重型自升式塔式起重机要用近 30t 平衡重。而臂长80m、最大起重力矩达 12000kN·m 的超重型自升式塔式起重机,平衡重用量则超过 60t。平衡重的用量与平衡臂的长度成反比,与起重臂的长度成正比。平衡重应与不同长度的起重臂匹配使用,具体操作应按照产品说明书的要求。

平衡重一般可区分为固定式和活动式两种。活动平衡重主要用于自升式塔式起重机,其特点是可以移动,易于使塔身上部作用力矩处于平衡状态,便于进行顶升接高作业,但其构造复杂,机加工量大,造价较高。如图 2-11 所示分别为QTZ200 型塔式起重机和 QT120 型塔式起重机用的活动平衡重简图。

平衡重可用铸铁或钢筋混凝土制成。钢筋混凝土平衡重的主要缺点是,体积大,迎风面积大,对塔身结构及整机稳定性均有不利影响。但是,其构造简单,预制生产容易,可就地浇制,并且不怕风吹雨淋,便于推广。钢筋混凝土平衡重预制时,必须在混凝土体内设预埋吊环、定位耳板及固定用穿心钢管,并要保证埋设位置准确。待混凝土达到设计强度时,才允许进行吊装就位。

四、塔帽和驾驶室

1. 塔帽

塔帽功能是承受起重臂与平衡臂拉杆传来的荷载,并通过回转塔架、转台、承座等结构部件将荷载传递给塔身,也有些塔式起重机塔帽上设置主卷扬钢丝绳固定滑轮、风速仪及障碍指示灯。塔式起重机的塔帽结构形式有多种,较常用的有截锥柱式、人字架式及斜撑架式等。如图 2-12 所示为截锥柱式塔帽。

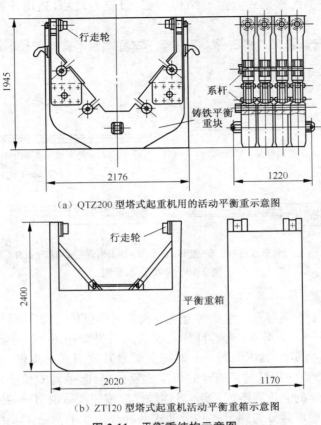

（a）QTZ200 型塔式起重机用的活动平衡重示意图

（b）ZT120 型塔式起重机活动平衡重箱示意图

图 2-11　平衡重结构示意图

2. 驾驶室

目前普遍采用的塔式起重机驾驶室大多是悬挂式驾驶室，而且多设于转台以上臂根之一侧。其主要特点是悬挂于高处，居高临下能俯瞰全局，如图 2-13 所示。为使塔式起重机的驾驶员掌握建筑吊装施工现场的情况，特别是观察吊装各个操作环节（挂钩、起升、下降、安装就位、脱钩）的全貌，驾驶室的前脸及两侧前方应镶配大面积钢化玻璃，前脸玻璃面积不小于前脸面积的 80%，上部玻璃窗应可开启，便于清洗。

悬挂式驾驶室采用轻量型钢焊接骨架，外包薄覆板，内贴厚 50mm 保温板。驾驶室的门窗要注意做好密封，窗扇向外开启；在严寒地区施工的塔式起重机应装设双层玻璃窗，内外层玻璃之间设有 6mm 真空层；对于顶部和前下方底部玻璃，均应加设防护栅栏；前脸玻璃窗上、下均应设置雨刷，两侧玻璃窗也宜设置雨刷；驾驶座椅正前方上侧的遮阳板应是可调卷帘式。

悬挂式驾驶室与钢结构支座接触处应加设橡胶垫块。

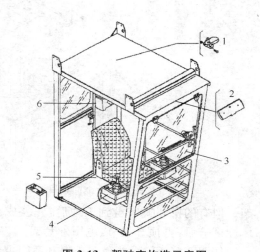

图 2-12　截锥柱式塔顶结构示意图
1. 塔身　2. 塔帽　3. 检修平台

图 2-13　驾驶室构造示意图
1. 衣帽钩　2. 顶灯　3. 刮水器
4. 操纵台组件　5. 取暖、风扇设备　6. 文件盒

　　塔式起重机驾驶室内应具有的设备包括：驾驶座椅、联动控制台（包括起动钥匙、起动开关、联动控制手柄、各项操作按钮、紧急断电开关）、各项指示仪表、音响信号（电铃、电喇叭、扬声器、蜂鸣器、警铃）、步话机、玻璃窗雨刷、除霜器、遮阳板及泡沫灭火器等。总之，驾驶室内必须装设为保证驾驶员安全、舒适、高效工作，并充分发挥塔式起重机各项性能所需的设备。驾驶室内各项开关、按钮均应有防水、防尘彩色套帽，以防受潮，影响运作和产生意外事故。

五、回转总成

　　回转总成由转台、回转支承、支座等组成，回转支承介于转台与支座之间，转台与塔帽连接，支座与塔身连接。

　　上回转自升式塔式起重机的回转总成位于塔身顶部。如图 2-14 所示，上回转自升式塔式起重机的转台多采用型钢和钢板组焊成的工字形断面环梁结构，用以承受转台以上全部结构的自重和工作荷载，并将上部荷载下传给塔身结构。转台装有一套或多套回转机构。

　　对于不设回转塔架（塔帽）的自升式塔式起重机，在转台的前后侧则分别设有供安装起重臂和平衡臂用的牛腿挑梁或耳板。

　　下回转塔式起重机的回转装置位于塔式起重机底部。

六、顶升套架

　　顶升套架根据构造特点可分为整体式和拼装式；根据套架的安装位置，可分为外套架和内套架。一般整体标准节塔身都用外套架，拼装式塔身顶升用内套

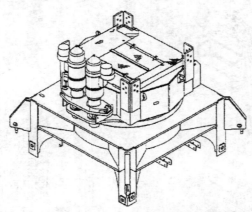

图 2-14   上回转自升式塔式起重机转台结构示意图

架。但有的拼装式塔身到工地后，先装成整体标准节后，再顶升加节，也用外套架。

如图 2-15 所示，外套架式顶升系统主要由顶升套架、顶升作业平台和液压顶升装置组成，用来完成加高的顶升加节工作。外套架主要由钢管、槽钢、钢板等组焊成框架结构，其内侧布置有 16 个滚轮或滑板，顶升时滚轮或滑板沿塔身的主弦杆外侧移动，起导向支承作用。

套架的前侧引入标准节部位为开口结构，套架后侧或中间装有顶升油缸和顶升横梁（扁担梁）。根据标准节引入方式不同，采用下引进方式的，引进平台安装在爬升套架

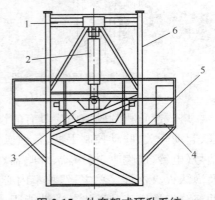

图 2-15   外套架式顶升系统
1. 油缸托架   2. 顶升油缸   3. 顶升横梁
4. 液压油泵   5. 顶升工作平台
6. 套架主弦杆

上；采用上引进方式的，引进平台安装在塔式起重机的回转下支座上。

套架的上端用螺栓与回转下支座的外伸腿相连接。其前方的上半部没有焊腹杆，而是引入门框，因此其主弦杆必须作特殊的加强，以防止侧向局部失稳。门框内装有两根引入导轨，以便于塔身标准节的引入。顶升油缸吊装于套架后方的横梁上，下端活塞杆端有顶升横梁，通过顶升横梁把压力传到塔身的主弦杆爬爪（也叫踏步）上，实现顶升作业。液压泵站固定在套架的工作平台上，操作人员在平台上操作顶升液压系统，进行作业，引入标准节和紧固塔身的连接螺栓。

顶升作业时，通过调整小车位置或吊起一个塔身标准节作配重的方法，尽量做到上部顶升部分的重心落在靠近油缸中心线位置，这样，上面的附加力矩小，作业最安全。起重臂一定要有回转制动，不允许风力使其回转。最忌讳套架前主弦杆压力过大，产生侧向局部失稳，引发倒塔事故。顶升系统油缸活塞杆端用球形

铰链,一定要设置防止顶升横梁外翻的装置。因为外翻可使顶升横梁受到很大的侧向弯矩,顶升横梁因变形过大而脱出爬爪槽,同样会引发倒塔事故。

七、底架

塔式起重机的底架是塔身的支座。塔式起重机的全部自重和荷载都要通过它传递到底架下的混凝土基础或行走台车上。

如图 2-16(a)、图 2-16(b)、图 2-16(c)所示,固定式塔式起重机一般采用底架十字梁式(预埋地脚螺栓)、预埋脚柱(支腿)或预埋节式。

如图 2-16(d)所示为轨道式塔式起重机的行走台车架,由架体、动力装置(主动)和无动力装置(从动)组成,它把起重机的自重和荷载力矩通过行走轮传递给轨道。行走台车架端部装有夹轨器,其作用是在非工作状况或安装阶段钳住轨道,以保证塔式起重机的自身稳定。

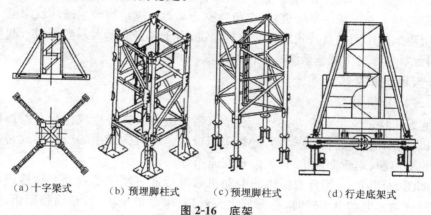

(a) 十字梁式　　(b) 预埋脚柱式　　(c) 预埋脚柱式　　(d) 行走底架式

图 2-16　底架

八、附着装置

如图 2-17 所示,通常是随着建筑物的不断升高,通过附着装置将塔身锚固在

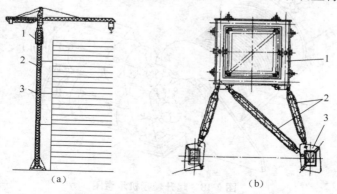

(a)　　　　　　　　　　　(b)

图 2-17　附着式塔式起重机及附着装置

(a) 1. 顶升套架　2. 标准节　3. 附着装置

(b) 1. 框架　2. 撑杆　3. 撑杆支座

建筑物上,锚固的间隔距离根据不同塔式起重机的设计要求而确定。

附着装置由撑杆 2、框架 1 和撑杆支座 3 等组成,使塔身和建筑物连成一体,减少了塔身在竖直方向的自由长度,提高了塔身的刚度和塔式起重机的整体稳定性。

第二节 塔式起重机的工作机构

塔式起重机工作机构包括起升机构、变幅机构、回转机构和大车行走机构。俯仰变幅起重臂式塔式起重机设臂架变幅机构;小车变幅水平起重臂式塔式起重机设小车牵引机构,或称小车变幅机构;固定式塔式起重机不设大车行走机构。

起升机构、变幅机构、回转机构和大车行走机构均应具备较高的工作速度,并要求起动和制动过程能平缓进行,避免急剧运动对金属结构产生破坏性影响。对于高层建筑施工用的自升式塔式起重机来说,由于起升高度大,起重臂长,起重量大,因此对工作机构调速系统有更高的要求。

一、起升机构

1. 起升机构组成

起升机构通常由起升卷扬机、钢丝绳、滑轮组及吊钩等组成。起升卷扬机由电动机、制动器、变速箱、联轴器、卷筒等组成。起升机构采用的变速箱通常有圆柱齿轮变速箱、蜗轮变速箱、行星齿轮变速箱等。

如图 2-18 所示,起升卷扬机的电动机通电后通过联轴器带动变速箱进而带动卷筒转动。电动机正转时,卷筒放出钢丝绳;电动机反转时,卷筒收回钢丝绳。起升机构通过滑轮组及吊钩把重物提升或下降,如图 2-19 所示。

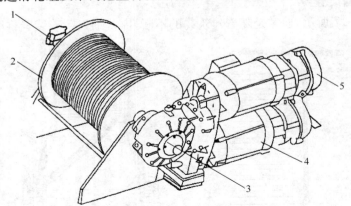

图 2-18   起升卷扬机示意图
1. 限位器 2. 卷筒 3. 变速箱 4. 绕线转子异步电动机 5. 制动器

通过滑轮组倍率的转换来改变起升速度和起重量。塔式起重机滑轮组倍率

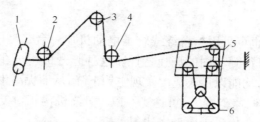

图 2-19 起升机构钢丝绳穿绕示意图

1. 起升卷扬机　2. 排绳滑轮　3. 塔帽导向轮　4. 起重臂根部导向滑轮
5. 变幅小车滑轮组　6. 吊钩滑轮组

大多采用 2、4 或 6。当使用大倍率时,可获得较大的起重量,但降低了起升速度;当使用小倍率时,可获得较快的起升速度,但降低了起重量。

如图 2-19 所示,为了起重机在变幅时能保证重物作水平移动,起升绳的终端不能固定在变幅小车上,而必须固定在起重臂架的端部或固定在起重臂根部。

2. 起升机构的调速

在轻载、空载以及起升高度较大时,均要求起升机构有较高的工作速度,以提高工作效率;在重载、运送大件物品以及被吊重物就位时,为了安全可靠和准确就位,要求起升机构有较低的工作速度。起升机构的调速分有级调速和无级调速两类。

（1）有级调速

①绕线转子电动机转子串电阻调速。绕线转子电动机转子串电阻调速的起升机构主要用于轻型快装塔式起重机。由于绕线转子电动机具有较好的起动特性,通过在转子绕组中串接可变电阻,用操作手柄发出主令信号控制接触器,来切换电阻改变电动机的转速,从而实现平稳起动和均匀调速的要求。有些绕线转子电动机转子串接电阻调速,还可增加电磁换档减速器,这种方式可使调速档数增加一倍。

②变极调速。笼型电动机通过改变极数的方法可以获得高低两档工作速度和一档慢就位速度,基本上可满足塔式起重机的调速要求,但换档时冲击较大。变极调速的调速范围为 1∶8 左右,变极调速不能较长时间低速运行。主要用于400kN·m 以下的轻小型塔式起重机。变极调速还可增加电磁换档减速器,使调速档数增加一倍,这种调速主要用在起重能力为 450～900kN·m 的塔式起重机上。

③双速绕线转子电动机转子串电阻调速。该电动机有两种磁极对数,通过串电阻和变极两种方式进行调速。

④双电动机驱动调速。这种调速应用极广的是采用两台绕线转子电动机驱动,F0/23B 等塔式起重机均采用这种名为 RCS 的系统。两台绕线转子电动机完全相同,通过转速比为 1∶2 的齿轮相连,一台作为驱动电动机,另一台则用作制

动电动机。

双电动机调速也可采用一台绕线转子电动机加一台笼型电动机或两台多速笼型电动机驱动,可得到不同的调速特性。这种起升机构可在负载运动中调速,不论起升速度如何,均能以最大速度实现空钩下降,从而提高生产效率;吊载能精确就位,工作平稳,调速范围大,可达1:40。但该机构相对复杂,其传动部件需专门设计制造,主要应用于大中型塔式起重机。

各种不同的速度档位对应于不同的起重量,以符合重载低速、轻载高速的要求。为了防止起升机构发生超载事故,有级变速的起升机构对荷载升降过程中的换档应有明确的规定,并应设有相应的荷载限制安全装置,如起重量限制器上应按照不同档位的起重量分别设置行程开关。

(2)无级调速　目前塔式起重机主卷扬机调速主要是通过变频器对供电电源的电压和频率进行调节,使电动机在变换的频率和电压条件下以所需要的转速运转,可使电动机功率得到较好的发挥,达到无级调速的效果。

二、变幅机构

塔式起重机的变幅机构是实现改变幅度的工作机构,并用来扩大塔式起重机的工作范围,提高生产率。

1. 变幅机构的类型

(1)按工作性质分　塔式起重机的变幅机构按工作性质分为非工作性变幅机构和工作性变幅机构。

①非工作性变幅机构是指只在空载时改变幅度,调整取物装置的作业位置,而在重物装、卸移动过程中幅度不再改变的机构。这种变幅机构变幅次数少,变幅时间对起重机的生产率影响小,一般采用较低的变幅速度。其优点是构造简单、自重轻。

②工作性变幅机构是指能在带载条件下变幅的机构。变幅过程是起重机工作循环主要环节,变幅时间对起重机的生产率有直接影响,一般采用较高的变幅速度(吊具平均水平位移速度为0.33~0.66m/s)。其优点是生产率高,能更好地满足装卸工作的需要。工作性变幅机构的驱动功率较大,而且要求安装限速和防止超载的安全装置,与非工作性变幅机构相比,构造复杂,自重也较大。

(2)按机构运动形式分　塔式起重机的变幅机构按运动形式分为动臂式变幅机构和小车式变幅机构。

①动臂式变幅机构是通过起重臂俯仰摆动实现变幅的机构。可用钢丝绳滑轮组使起重臂做俯仰运动。动臂式变幅机构在变幅时,吊物和臂架的重心会随幅度的改变而发生不必要的升降,耗费额外的驱动功率,并且在增大幅度时,由于重心下降,容易引起较大的惯性荷载。所以,一般多用于非工作性变幅。动臂式变幅的幅度有效利用率低,变幅速度不均匀,没有装设补偿装置时,吊物不能做到水

平移动,安装就位不便。

②小车变幅机构是通过移动牵引起重小车(变幅小车)实现变幅的机构。工作时起重臂安装在水平位置,小车由变幅牵引机构驱动,沿着起重臂的轨道(弦杆)移动。其优点是:变幅时吊物做水平移动,安装就位方便、速度快、功率省、幅度有效利用率大。其缺点是:起重臂承受较大的弯矩、结构笨重、钢用量大。

2. 小车变幅机构

在塔式起重机中大多采用小车变幅机构,这样既可减轻起重臂荷载,又可以使工作性能可靠,且其驱动装置放在起重臂根部,平衡重也可略为减少。

小车变幅机构钢丝绳穿绕方式如图 2-20 所示,小车依靠变幅钢丝绳牵引沿起重臂轨道行走,变幅驱动装置安装在小车外部,从而使小车自重大为减少,所以适用于大幅度、起重量较大的塔式起重机。

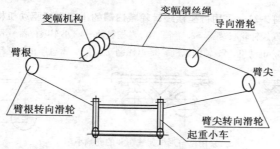

图 2-20　小车变幅机构钢丝绳穿绕方式

小车变幅机构的传动机构可采用普通标准卷扬机。为了使尺寸更紧凑,目前已广泛采用行星摆线针轮和渐开线齿轮的少齿差减速器传动,而且在卷筒轴端部装有用蜗杆或链轮带动的幅度指示器及限位器,以确保工作安全。

如图 2-21 所示为采用行星摆线针轮减速器的小车变幅机构,其主要由制动器、电动机、缓冲器、减速机、限位器、卷筒、支架等组成,行星摆线针轮减速机装于卷筒内部,有利于减少变幅驱动机构的宽度,便于布置。

3. 变幅小车

变幅小车是水平起重臂塔式起重机的必备部件。整套变幅小车由车架结构、钢丝绳、滑轮、行轮、导向轮、钢丝绳承托轮、钢丝绳防脱辊、小车牵引绳张紧器及断绳保险器等组成。

(1)变幅小车的分类　变幅小车车架结构采用箱形断面组焊杆件构成,根据杆件布置方式不同,变幅小车分为三角形框架式车架和矩形框架式车架两大类,如图 2-22 所示。

三角形框架式车架的变幅小车具有构造简单、自重较轻的特点,但结构加工要求较高。据相关资料记载,其载重量应用范围较广,小至 1.25～2t,大至 12.5t 都可采用这种小车结构。

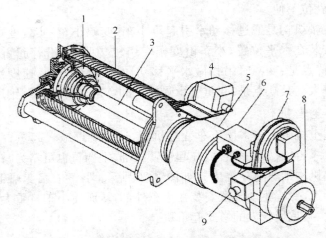

图 2-21   采用行星摆线针轮减速器的小车变幅驱动机构
1. 行星摆线针轮减速器   2. 卷筒   3. 卷扬机轴   4. 小车限位器   5. 缓冲器
6. 电动机   7. 辅助风机   8. 电磁制动器   9. 紧急停止控制箱

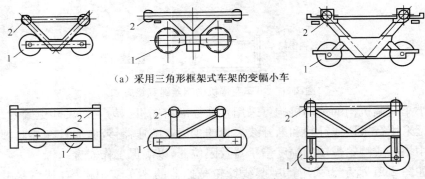

（a）采用三角形框架式车架的变幅小车

（b）采用矩形框架式车架的变幅小车

图 2-22   变幅小车车架示意图
1. 钢丝绳滑轮   2. 行走轮

矩形框架式车架变幅小车的特点是：杆件较多，构造较繁琐，但结构加工比较容易。中型和重型塔式起重机均可采用这种车架形式的变幅小车，其载重量适用范围为 4～12t。

变幅小车也可根据需要与另一台变幅小车联挂在一起，以双小车方式进行动作（见本书 28 页图 1-27 所示及相关内容）。在需要吊运笨重物件超过单一小车的承载能力时，在臂架头部承担正常吊运作业的"正"小车或称"前"小车便驶向臂架根部，而与通常停置于臂架根部"后"小车或称"副"小车联挂在一起形成一个联合体进行动作。若原"正"、"副"小车各配用 2 倍率滑轮组工作的，则联合之后以 4 倍率进行吊运作业；若原"正"、"副"小车以 4 倍率工作的，则联合之后便可以 8

倍率进行工作,因而起重量可增大一倍。

长臂架(最大幅度在 50m 以上)最大起重量达 8t,起重能力在 1200kN·m 以下的小车变幅水平起重臂塔式起重机,应采用双变幅小车系统较为适宜。吊运重载时,用双小车联合工作。在幅度大而起重量比较小时,则用单小车起吊,这样变幅小车轻巧一些,起重臂头部额定起重量也可适当提高一些。

(2)变幅小车的附件 变幅小车的附件包括缓冲止挡装置、小车牵引绳张紧器和小车牵引绳断绳保险器。

缓冲止挡装置由橡胶制成,装设在小车车架两端,用以减缓变幅小车在行驶至臂架头端或根部撞及限位器时所产生的冲击影响。

小车牵引绳张紧器由棘轮卷筒、棘爪和拨叉等部件组成,如图 2-23 所示,借助拨叉转动棘轮卷筒使小车牵引绳得到张紧,令变幅小车平稳运行。

重锤式偏心挡杆是一种简单实用的断绳保险装置,如图 2-23 所示。变幅小车正常工作时,挡杆平卧,起牵引钢丝绳导向装置的作用。当小车牵引绳断裂时,挡杆在偏心重锤作用下,翻转直立,遇到起重臂底侧水平腹杆,就会制止小车的溜行。

每台变幅小车备有两个牵引绳断绳保险器,分设于小车(当采用双小车系统时,设于"正"小车或"前"小车)的两头牵引绳端固定处。

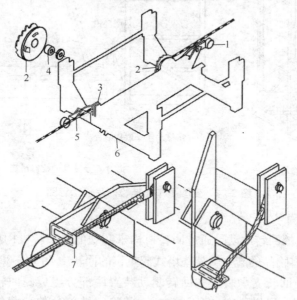

图 2-23 变幅小车的小车牵引绳张紧器及断绳保险器
1. 扳手 2. 棘轮卷筒 3. 牵引绳张紧器及断绳保险器 4. 挡圈
5. 断绳保险器 6. 小车车架 7. 导向器

采用双小车系统工作时,"正"、"副"小车车架上应分别设置碰挂连锁装置的组成部件和防止相碰撞的缓冲装置,还应在臂根节端部原装设缓冲止挡装置处加设一个挂钩,当"副"小车停置于臂根部不工作时,此挂钩可紧扣"副"小车的车架,不使其移动。

(3)变幅小车随挂检修作业吊篮 对于特长水平臂架(长度在50m以上),一般在变幅小车一侧随挂一个检修吊篮,如图2-24所示,供维修人员搭乘,随同小车驶往起重臂各检修点进行维修和例行保养作业。

维修检查作业完毕后,小车驶回起重臂根部,使吊篮与变幅小车脱钩,借助弯臂式挂钩杆将吊篮固定在起重臂结构上的专设支座处。

变幅小车随挂检修吊篮采用硬铝合金材料制作,宽70cm,长与变幅小车长度匹配;吊篮三面围有护栏,高2m,可装设有3～4道水平栏杆;操作平台用网纹钢板作底板,四周焊有高15cm挡脚板,以防工具坠落。

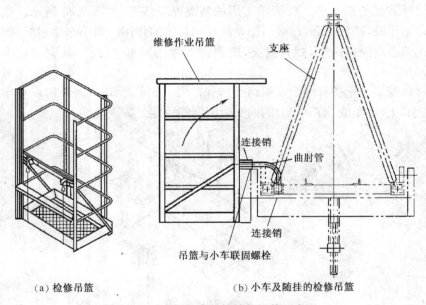

(a)检修吊篮　　　　　　　　(b)小车及随挂的检修吊篮

图2-24 变幅小车随挂检修吊篮示意图

三、回转机构

塔式起重机的回转运动是通过回转机构来实现的。回转机构用于扩大机械的工作范围,使吊有物品的起重臂架绕塔式起重机的回转中心线作360°的全回转。

回转机构由回转支承装置和回转驱动装置两部分组成。回转支承装置为塔式起重机回转部分提供稳定、牢固的支承,并将回转部分的荷载传递给固定部分塔身或底座;回转驱动装置驱动塔式起重机回转支撑装置的上部回转。

1. 回转支承装置

(1)回转支承的构造和分类 回转支承装置由齿圈、座圈、滚动体、隔离块、连接螺栓及密封条等组成。塔式起重机的回转部分固定在回转座圈上,而固定座圈则与塔式起重机的钢结构部分的顶面相连接。

①根据滚动体的不同,回转支承可分为两大类:一类是球式回转支承,另一类是滚柱式回转支承。球式回转支承具有刚性比较好、变形比较小、对承座结构要求较低、造价较低等优点,所以应用较为广泛。

②根据构造不同和滚动体使用数量的多少,回转支承又分为单排四点接触球式回转支承、双排球式回转支承、单排交叉滚柱式回转支承和三排滚柱式回转支承,如图 2-25 所示。

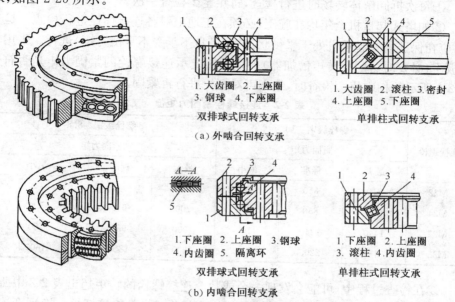

1. 大齿圈 2. 上座圈
3. 钢球 4. 下座圈
双排球式回转支承

1. 大齿圈 2. 滚柱 3. 密封
4. 上座圈 5. 下座圈
单排柱式回转支承

(a) 外啮合回转支承

1. 下座圈 2. 上座圈 3. 钢球
4. 内齿圈 5. 隔离环
双排球式回转支承

1. 下座圈 2. 上座圈
3. 滚柱 4. 内齿圈
单排柱式回转支承

(b) 内啮合回转支承

图 2-25 塔式起重机上用的回转支承构造示意图

单排四点接触球式回转支承,由一个座圈和一个齿圈组成,结构紧凑、重量轻;钢球与圆弧滚道四点接触,能同时承受轴向力、径向力和倾翻力矩。

单排交叉滚柱式回转支承,由一个座圈和一个齿圈组成,结构紧凑、重量轻、制造精度高、装配间隙小,对安装精度要求高;滚柱为 1∶1 交叉排列,能同时承受轴向力、倾翻力矩和较大的径向力。

双排球式回转支承,由一个齿圈和两个座圈(上、下座圈)组成,钢球和隔离块可直接排入上下滚道。根据受力情况,上排钢球直径比较大一些,下排钢球直径略小一些。这种回转支承装配非常方便,上、下圆弧滚道的承载角都为 90°,能承受很大的轴向力和倾翻力矩。

三排滚柱式回转支承,如图 2-26 所示,由三个座圈组成,上下及径向滚道各自分开。上下两排滚柱水平平行排列,承受轴向荷载和倾覆力矩,径向滚道垂直排列的滚柱承受径向荷载,是常用四种形式回转支承中承载能力最大的一种,适用于回转支承直径较大的大吨位塔式起重机。

③根据齿圈,回转支承装置分为外啮合回转支承和内啮合回转支承,如图 2-25 所示。

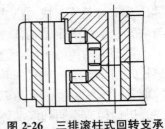

(2)回转支承连接螺栓的紧固与检查 回转支承是塔式起重机承上启下的重要部件,对于其连接螺栓必须强制进行定期检查,检查工作要领如下:

图 2-26 三排滚柱式回转支承

①每次拆卸解体转场时进行检查,每年至少检查一次。

②如塔式起重机全年均在施工,必须在工地上对各连接螺栓进行检查。检查时,应在保证塔式起重机处于平衡状态下(塔身不承受不平衡力矩)进行。采用转矩扳手(必要时可配用转矩倍加器)检查回转支承连接螺栓的紧固力矩是否符合表 2-2 所示的相应值。检查时,绝不可对螺栓进行再紧固。

表 2-2 连接螺栓紧固力矩值 (N·m)

连接螺栓	螺栓级别 10.9			螺栓级别 8.8		
	紧固力矩			紧固力矩		
	最大	标准	最小	最大	标准	最小
M22	710	650	580	550		440
M24	950	850	700	700	640	500
M27	1440	1240	1100	1000	930	750
M33	2480	2200	1900	2000	1810	1600

③在检查过程中,可能会发现一个或数个连接螺栓的转矩超出表 2-2 中所示的最小或最大转矩值,遇到这种情况需更换一部分或全部连接螺栓。换用新连接螺栓时,待塔式起重机工作若干星期后,回转支承部件密切相接吻合时,可再次将各连接螺栓紧固到额定标准转矩值。

如回转支承已连续工作七年,也应按上述方法对连接螺栓进行系统换新。

(3)回转支承的润滑 回转支承采用不含树脂的非酸性轴承润滑脂进行润滑。润滑脂借助压力油枪,通过压注油杯注入,然后令塔式起重机转动约 15°,再进行压注润滑脂,并再一次回转约 15°,如此需反复进行 4～5 遍。塔式起重机在施工中每周(或 50 小时)进行一次润滑。从接缝中溢出的润滑脂是一种补充密封层,不必擦去。齿圈的齿面发现裸露时,应及时涂上润滑脂。

2. 回转驱动装置

塔式起重机回转机构由电动机、液力耦合器、常开式制动器、变速箱和回转小齿轮等组成。回转机构的传动方式一般是电动机通过液力耦合器、变速箱带动小齿轮围绕大齿圈转动,驱动塔式起重机回转支承以上部分做回转运动,如图 2-27

所示。

如图 2-28 所示为 POTAIN 塔式起重机的双驱动回转机构,由电动机通过行星摆线针轮减速器带动小齿轮运动,从而带动转台回转。缓冲器在回转运动中减缓回转惯性,使回转平台运动平稳。

回转限位器安装在回转驱动器一侧,如图 2-28(b)所示,取样齿轮与回转支承大齿圈啮合,通过支承轴将塔式起重机旋转角度信号传给限位器,从而实现限位。限位器安装及外形如图 2-29 所示。

塔式起重机的起重臂较长,迎风面较大,风载产生的转矩也较大,因此,塔式起重机的回转机构一般均采用可操纵的常开式制动器(应有制动器制动后的锁住装置)。即在非工作状态下,制动器松闸,使起重臂可以随风向自由转动,臂端始终指向顺风的方向。制动器采用干式单片电磁制动器,这种制动器动作灵敏、安全可靠、无噪声、性能稳定、结构紧凑、安全方便。

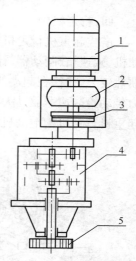

图 2-27 回转驱动装置
1. 电动机 2. 液力耦合器
3. 常开式制动器 4. 行星
齿轮减速机 5. 回转小齿轮

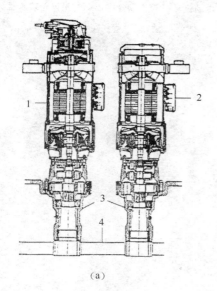

(a)

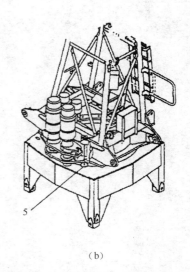

(b)

图 2-28 双驱动回转机构
1、2. 缓冲器 3. 行星摆线针轮减速器 4. 大齿圈 5. 回转限位器

塔式起重机回转驱动装置具有调速功能,调速分有级调速和无级调速。有级调速主要有变极调速、绕线转子电动机调速等,无级调速主要有电磁转差离合器调速、调压调速等。无级调速主要用于大型塔式起重机上。

四、行走机构

塔式起重机行走机构的作用是驱动塔式起重机沿轨道行驶。行走机构由电动机、减速箱、制动器、行走轮和台车架等组成,如图 2-30 所示。由于起重机运动惯性较大,往往在起动的时候,使电动机负荷剧增。电动机通过液力耦合器把动力传动给减速器驱动大车车轮在滚道上行走,则很好地解决了这个问题,改善了起重机行走机构电动机的工作条件,使起重机能平稳起步。

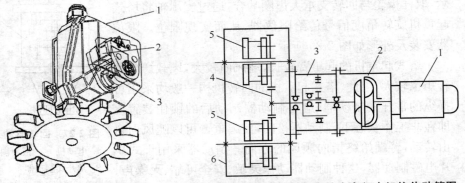

图 2-29 POTAIN 塔式起重机的回转限位器
1. 回转平台 2. 回转限位器 3. 回转限位器安装座

图 2-30 塔式起重机的大车行走机构传动简图
1. 电动机 2. 液力耦合器 3. 行星齿轮减速器
4. 小齿轮 5. 车轮 6. 台车架

第三章 塔式起重机的液压顶升系统

以液体为工作介质、靠液压静力传递能量的流体传动称为液压传动。液压传动系统利用液压泵将机械能转换为液体的压力能,再通过各种控制阀和管路的传递,借助于液压执行元件(液压缸或马达)把液体压力能转换为机械能,从而驱动工作机构,实现直线往复运动和回转运动。塔式起重机液压顶升系统,是完整的液压传动系统,目前,塔式起重机的升塔接高几乎全部采用液压传动来完成。由于采用了液压传动,才能完成难度较大的自升式塔式起重机的自升过程。

第一节 液压传动知识

一、液压传动系统的组成和作用

液压传动系统由动力元件、执行元件、控制元件、辅助元件和工作介质等组成。

1. 动力元件

动力元件供给液压系统压力,并将原动机输出的机械能转换为油液的压力能,从而推动整个液压系统工作,动力元件最常见的形式就是液压泵,它给液压系统提供压力。

2. 执行元件

执行元件是把液压能转换成机械能的元件,即液压缸或液压马达,以驱动工作部件运动。

3. 控制元件

控制元件包括各种阀类,如压力阀、流量阀和方向阀等,用来控制液压系统的液体压力、流量(流速)和方向,以保证执行元件完成预期的运动。

4. 辅助元件

辅助元件指各种管接头、油管、油箱、过滤器和压力表等,起连接、储油、过滤和测量油压等辅助作用,以保证液压系统可靠、稳定、持久地工作。

5. 工作介质

工作介质指在液压系统中,承受压力并传递压力的油液,一般为矿物油,统称为液压油。液压油既是液压系统的工作介质,又是液压元件的润滑剂和冷却剂,液压油的性质对液压传动性能有明显的影响。

二、液压系统主要元件

1. 液压泵

液压泵是液压系统的动力元件,其作用是将原动机的机械能转换成液体的压力能。液压泵的结构类型一般有齿轮泵、叶片泵和柱塞泵,其中,齿轮泵被广泛用于塔式起重机顶升机构。齿轮泵在结构上可分为外啮合齿轮泵和内啮合齿轮泵两种,常用的是外啮合齿轮泵。

如图 3-1 所示为外啮合齿轮泵的最基本形式,由两个尺寸相同的齿轮在一个紧密配合的壳体内相互啮合旋转,齿轮的外径及两侧与壳体紧密配合,组成了许多密封工作腔。当齿轮按一定的方向旋转时,一侧吸油腔由于相互啮合的齿轮逐渐脱开,密封工作腔容积逐渐增大,形成部分真空,因此油箱中的油液在外界大气压的作用下,经吸油管进入吸油腔,将齿间槽充满,并随着齿轮旋转,把油液带到另一侧的压油腔内。在压油腔的一侧,由于齿轮在这里逐渐进入啮合,密封工作腔容积不断减小,油液便被挤出去,从压油腔输送到压油管路中去。这里的啮合点处的齿面接触线一直起着隔离高、低压腔的作用。

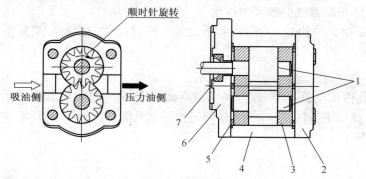

图 3-1   齿轮泵
1. 工作齿轮 2. 后端盖 3. 轴承体 4. 铝质泵体 5. 密封圈 6. 前端盖 7. 轴封衬

液压泵在工作中,输出油液的压力随系统的外荷载而变化。外荷载增大,油压随之增加,液压泵的工作压力也增高。但泵的工作压力受到泵本身零件强度和泄漏的限制,不可能无限制地增高。齿轮泵的工作压力一般为 12～20MPa 之间。

使用齿轮泵时,应注意其进出油口和泵的旋转方向。一般情况下,口径一样时进出油口通用;口径不同时,大口径为进油口,小口径为出油口。进出油口口径不同时,应特别注意其标明的旋转方向,不可搞错。此外,安装齿轮泵时应注意其吸油高度,一般不宜超过 50cm。过高时,吸油困难甚至吸不上油。

2. 液压油缸

液压油缸一般用于实现往复直线运动或摆动,将液压能转换为机械能,是液压系统中的执行元件。液压油缸按结构形式可分为活塞缸、柱塞缸和摆动缸等。

活塞缸和柱塞缸实现往复直线运动,输出推力或拉力;摆动缸则能实现小于 $360°$ 的往复摆动,可输出转矩。

液压缸按油压作用形式又可分为单作用式液压缸和双作用式液压缸。单作用式液压缸只有一个外接油口输入压力油,液压作用力仅作单向驱动,而反行程只能在其他外力的作用下完成;双作用式液压缸分别由液压油缸两端外接油口输入压力油,靠液压油的进出推动液压杆的运动。塔式起重机的液压顶升系统多使用单出杆双作用活塞式液压油缸,如图 3-2 所示。

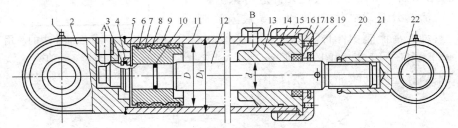

图 3-2 双作用单活塞杆液压油缸构造图

1. 压注油嘴 2. 缸底 3、7、17. 挡圈 4. 卡键帽 5. 卡键 6、16. Y 形密封圈
8. 活塞 9. 支承环 10、14. O 形密封圈 11. 缸筒 12. 活塞杆 13. 导向套
15. 端盖 18. 螺钉 19. 防尘圈 20. 锁紧螺母 21. 耳环 22. 滑动轴承套

液压油缸应在一定的工作压力下具有良好的密封性能,且密封性能应随工作压力的升高而自动增强。此外还要求密封元件结构简单、寿命长和摩擦力小等。

液压油缸中如果有残留空气,将引起活塞运动时的爬行和振动,产生噪声和发热,甚至使整个系统不能正常工作,因此应在液压油缸上增加排气装置。常用的排气装置为排气塞结构,如图 3-3 所示。排气装置应安装在液压缸的最高处。工作之前先打开排气塞,让活塞空载做往返移动,直至将空气排干净为止,然后拧紧排气塞进行工作。

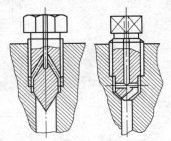

图 3-3 液压缸的排气塞

3. 控制阀

控制阀是液压系统的控制元件,用以操纵控制液压系统中的各个执行元件,不仅要保证工作机构按预期的要求完成动作,而且还要起到对液压系统的安全保护作用。塔式起重机顶升系统使用的控制阀主要有压力控制阀和方向控制阀。

压力控制阀用来控制液流的压力,满足工作机构荷载变化的要求,如保持系统的一定压力、限制系统的最高压力、实现一定的工作顺序等。压力控制阀主要有溢流阀、平衡阀和顺序阀等。

方向控制阀用来控制液压系统中液流的方向,以实现改变工作机构的动作。常用的有单向阀和换向阀等。

(1)溢流阀　溢流阀也称为安全阀。液压系统中油液的压力取决于外荷载的大小,荷载越大,油液压力越高。如图 3-4 所示,当系统中油液压力不断增高时,就有可能损坏系统中的某些部件。为了保证系统安全,避免发生上述情况,必须装设溢流阀。塔式起重机的液压系统同样设置溢流阀,以限制在顶升过程中最高压力不超过额定值,从而对液压泵和其他元件进行保护。

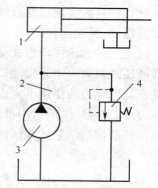

图 3-4　溢流阀在油路中的应用
1. 液压油缸　2. 油箱
3. 液压泵　4. 溢流阀

溢流阀分直动式溢流阀和先导式溢流阀两种。直动式溢流阀由阀体、阀心、调压弹簧、弹簧座、调节螺杆等组成,如图 3-5 所示。先导式溢流阀由主阀和先导阀两部分组成,如图 3-6 所示。

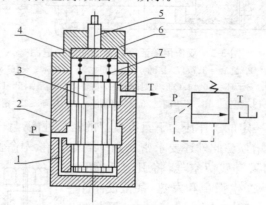

图 3-5　直动式溢流阀
1. 阻尼孔　2. 阀体　3. 阀心　4. 弹簧座　5. 调节螺杆　6. 阀盖　7. 调压弹簧
P—进油口　　T—溢流口

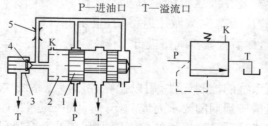

图 3-6　先导式溢流阀
1. 主阀　2. 主阀弹簧　3. 先导阀　4. 调压弹簧　5. 阻尼孔
P—进油口　　T—溢流口　　K—控制油口

溢流阀的工作原理如图 3-5 所示。当液压泵至溢流阀进油口 P 的压力逐渐上升,压力升高到足以克服弹簧 7 的推力而顶开阀心,油液自溢流阀内通过从溢流口 T 流回油箱,系统压力下降。油压下降到与弹簧力相等时,阀心在弹簧作用下复位,停止溢流。溢流阀的作用是使系统的压力维持在调定值的水平上,通过调节螺杆 5,可以调整弹簧的张紧程度,从而实现系统压力设定,防止过载,保护系统的安全。

　　(2)平衡阀　塔式起重机的自升过程要求工作平稳、微动性好、调整方便,特别是下落时要控制一定的速度,停靠时能平稳到位,并能支持塔式起重机上部重量。这些要求是通过在液压系统中设置平衡阀(限速液压锁)来实现的。平衡阀是由顺序阀和单向阀结合而成,如图 3-7 所示。

　　平衡阀在液压顶升系统油路中的应用如图 3-7(c)所示,液压缸不能回油,重物被支持住。若需下降,则泵出的油进入液压缸上腔和平衡阀的 C 腔,在压力升高到调定值时,使下腔通过 A 回油,于是重物下降。

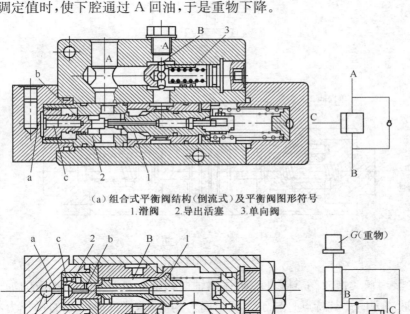

(a) 组合式平衡阀结构(倒流式)及平衡阀图形符号
1.滑阀　2.导出活塞　3.单向阀

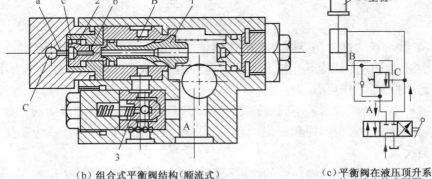

(b) 组合式平衡阀结构(顺流式)
1.滑阀　2.导向活塞　3.单向阀

(c) 平衡阀在液压顶升系统油路中的应用图

图 3-7　平衡阀的结构和应用示意图

　　若重物下降速度过快以致泵供油来不及时,C 腔的压力下降,滑阀 1 阀心处于关闭方向,增大回油节流效果,重物的下降速度就减低了。重物的下降速度受平衡阀和泵流量限制,以防重物超速下降。

（3）双向液压锁   双向液压锁一般情况下多见于油缸的保压，安装在液压缸上端部。双向液压锁主要为了防止油管破损等原因导致系统压力急速下降，锁定液压缸，防止事故发生。其工作原理如图 3-8 所示，当进油口 B 进油时，液压油正向打开单向阀 1 从 D 口进入油缸，推动油缸上升，油缸的回油经双向锁 C 口进入锁内，从 A 口排出（此时滑阀已将左边单向阀 2 打开）；当 B 口停止进油时，单向阀 1 关闭，油缸内高压油不能从 D 口倒流，油缸保压。

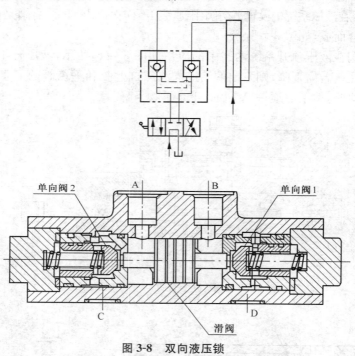

图 3-8   双向液压锁

（4）换向阀   换向阀靠阀杆在阀体内轴向移动而打开或关闭相应的油口，从而改变液流方向。其特点是易于实现径向力的平衡，换向时所需的操作力小，实现多通路控制，工作可靠。

各种不同滑阀位置和不同通路的组合，可以得到多种类型的换向阀。如二位三通、二位四通、三位四通和三位六通等。一般塔式起重机的顶升系统多使用三位四通阀。

常用手动三位四通换向阀的作用原理如图 3-9 所示，其有三个位置，A、B、P、O 四个通道，A、B 通路与执行元件的进出油口相连，P 与液压油源相通，O 与回油路相通。

如图 3-9（a）所示，滑阀处于中位，此时各油路互不相通，执行元件不工作。如图 3-9（b）所示为手动三位四通换向阀构造及操作手柄的三个位置。

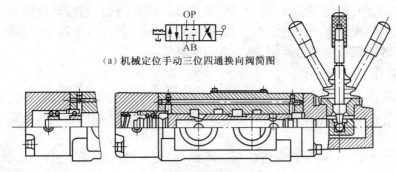

(a) 机械定位手动三位四通换向阀简图

(b) 手动三位四通换向阀构造简图

图 3-9 手动三位四通换向阀

P—压力油入口 O—回油口 A—出油口 B—出油口

4. 液压辅助元件

(1)油箱 油箱的作用是储油、散热、沉淀杂质和分离出油中的空气及气泡等。油箱一般由钢板冲压、焊接而成,其容积应保持工作时有适当的油面高度,能散发正常运行中产生的热量,分离液压油中的空气、污物和异物。一般根据系统的压力、流量、使用环境及冷却条件等因素,取液压泵额定流量的 2~6 倍。

(2)滤油器和油管 液压系统中所有故障 80% 左右是由被污染的液压油引起的。滤油器被用来清除油中杂质(包括油的分解物,系统外部进入的污物和尘土,液压元件在工作过程中的磨损物等),使之不再进入液压系统的各组成元件中去。因此,滤油器是保证液压系统正常工作的必不可少的辅助元件。滤油器在液压系统中一般安装在吸油管路上或油泵吸油口处。

油管用来将液压系统中各个液压元件连接起来,构成循环回路,达到能量传递与控制的目的。油管的种类很多,塔式起重机顶升液压系统中主要采用冷拔无缝钢管和耐油橡胶软管。

(3)压力表 塔式起重机顶升液压系统中,压力表是用来观察和掌握系统压力,判断系统工作是否正常的工具。压力表安装在油泵出口处。

三、液压系统的安装、检查和维护

1. 液压系统安装和检查

液压系统在安装前应仔细检查各组件的包装和外观,确认无运输和长期保存造成的缺陷后,按照塔式起重机总图所示液压系统的位置、连接方式、技术要求安装和连接。

液压系统安装完毕后,应先通过油箱观察孔,仔细检查系统油箱液位是否达到规定油位线。起动齿轮泵电动机前,应将手动换向阀处于中位。起动齿轮泵电动机,检查齿轮泵旋转方向(泵上有标志)是否正确。一般平衡阀和溢流阀在顶升系统出厂前已按要求调整好,不允许随意变动。

顶升油缸开始使用前,应使油缸空载往复伸缩几次(利用手动换向阀手柄上下切换),排除液压系统中的空气。顶升油缸正式使用时,应严格遵守操作规程,经常检查各油管接头是否严密,不应有漏油现象。

2. 液压系统维护

液压系统应经常检查滤油器有无堵塞。当手动换向阀处于中位,压力表显示压力值≥0.3MPa 时,必须拆下滤油器,用干净煤油或汽油清洗干净,发现损坏必须更换。

总装或大修后,初次起动齿轮泵电动机前,应先检查液压油出口和入口连接是否正确,电动机转动方向是否正确,吸油管路是否漏气;最后,在规定转速内起动运转液压系统。油泵、油缸和控制阀如发现漏油渗油应及时处理。

液压系统总成非工作状态时应加盖防护罩,工程完工迁移时拆卸,应注意安全,严格按操作程序操作(塔式起重机出厂时均有使用说明书)。

液压装置若需长期停止使用,各油口应灌入防锈油,拧上清洁防护堵罩,外露加工表面涂上防锈脂,妥善保存。

冬季起动时,应试运行多次,待油温上升和控制阀动作灵活后,再正式运转使用。正常情况工作油温为 0℃～65℃。

液压油选用,应严格按照塔式起重机使用说明书的规定(一般是以不同季节的工作环境温度和液压泵的要求为依据)。往油箱中加油时,需经 120 目以上过滤器过滤,因为污染的油会堵塞溢流阀阻尼孔。如发现油缸不能正常上下运动时,必须清洗溢流阀。液压油必须保持清洁,这样可以大大地减少压力的损失,防止磨耗,延长机器的寿命。

各个液压元件未经专业技术人员的许可,不得随意进行拆卸,当液压系统发生故障时必须停车,且压力降到零时才能维修。

第二节   液压顶升系统的工作原理和工作过程

一、QTZ—200 塔式起重机液压顶升系统

QTZ—200 塔式起重机液压顶升系统属于中央顶升系统,如图 3-10 所示。该系统的特点是在连接油缸的大腔和有杆腔的油路中设置了由顺序阀和单向阀组合而成的平衡阀,所以这种回路称为平衡回路。另外,手柄 B 操作的是两位两通换向阀,其作用是控制系统供油压力,与其相连的是两个压力不同的溢流阀,调节压力分别为 2.5MPa 和 3.5MPa。

在顶升过程中,电动机带动油泵,液压油经由滤清器被吸入,以高压输出到两个换向阀,即用手柄 A 控制的三位四通换向阀和用手柄 B 控制的两位两通弹簧复位的换向阀。推动手柄 A 向前,高压油直接顶开平衡阀中的单向阀进入油缸

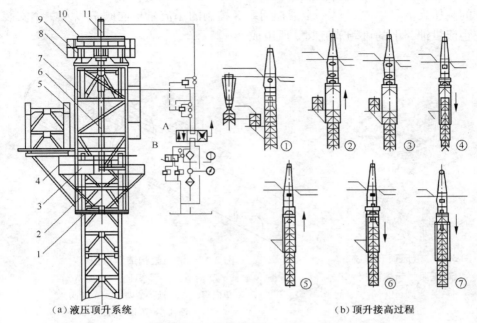

（a）液压顶升系统　　　　　　　　　　　　（b）顶升接高过程

图 3-10　采用外塔架顶升、内塔架接高中央顶升工艺的
液压顶升系统及接高过程示意图

1. 定位销操纵杆　2. 顶升套架　3. 液压顶升系统的油箱总成　4. 操作平台
5. 塔身标准节及摆渡小车　6. 活塞杆　7. 过渡节　8. 上操作平台
9. 承重　10. 回转支承　11. 液压油缸

上部大腔,活塞杆在液压油的作用下向下伸出。有杆腔的液压油由于此时单向阀处于截止状态,因而只能通过顺序阀流回油箱,而顺序阀的开启是由油缸上部大腔的油压所控制的,从而保证套架及其以上的结构被平稳顶起,并有效地防止了在顶升的过程中套架超速上升和突然下降的危险现象发生。

拉动手柄 A 向后,液压油则由三位四通阀直接通过单向阀流入液压缸下部的有杆小腔中,并使活塞杆回缩,而活塞上部的液压油则经过顺序阀才能流回油箱。当套架及其以上的结构在自重力的作用下下降速度过快时,油缸有杆小腔的油压下降,而受其控制的顺序阀瞬时截至,这样就避免了套架及其以上的结构超速下降甚至坠落和倒塔的危险现象发生,保证平稳下降。

二、F0/23B 塔式起重机液压顶升系统

F0/23B 型塔式起重机液压顶升系统的特点是:顶升液压缸设于塔身一侧,采用侧顶升方式;采用高压柱塞定量泵;液压缸底端设有调节阀,通过液控活塞调节单向阀的开闭。该机液压顶升系统泵站如图 3-11 所示。

如图 3-12 所示,F0/23B 型塔式起重机液压顶升系统的液压缸由缸筒 1、活塞2、活塞杆 3、缸筒底端 4 等组成。底端内装控制装置,该装置由一个液控活塞 6 控制的高压大流量单向阀 5，一个液控活塞 8 控制的小流量单向阀 7 以及一个安装在小流量油路上的可调节流阀 9 所组成。

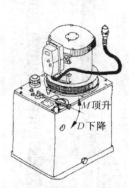

图 3-11　液压顶升系统
液压泵站示意图

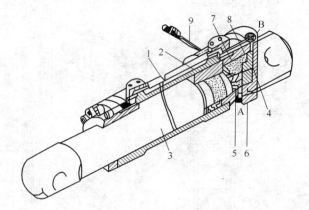

图 3-12　液压缸构造示意图
1. 缸筒　2. 活塞　3. 活塞杆　4. 缸筒底端
5、7. 单向阀　6、8. 液控活塞　9. 节流阀
A—高压油孔　B—低压油孔

　　如图 3-13 所示，液压泵站上的操纵杆不动作，换向阀 5 处在中位，液压油流至换向阀 5 后，流回油箱，顶升套架静止不动。

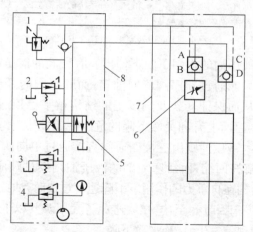

图 3-13　F0/23B 型塔式起重机液压顶升系统图
1. 平衡阀　2. 安全阀　3. 安全阀(高压调节阀)　4. 安全阀(泵内)
5. 手动三位四通阀　6. 可调节流阀　7. 顶升液压缸　8. 液压泵站
A、C—液控活塞　B、D—单向阀

　　操纵杆拨至"顶升"位置，换向阀 5 换到左位，压力油经 B、D 进入液压缸大腔，液压缸小腔中的液压油经平衡阀 1 通过低压油路流入油箱。

　　放下操纵杆,停止"顶升"动作时,单向阀 B、D 便在塔式起重机上部重力作用下关闭。当顶升动作停止时,由顶升横梁产生的压力并不比平衡阀调定的压力大。因此,小腔中的液压油不能通过低压油路流入油箱。

　　操纵杆拨至"下降"位置,塔式起重机回转部分重量是致使"下降"的外荷载。此时换向阀 5 换到右位,油缸小腔的低压油与由外荷载产生的压力相叠加,推动液控活塞 A,打开单向阀 B。但此油液并不能推动液控活塞 C 以打开单向阀 D,因为作用于此活塞上的油液压力远小于大腔油液的压力。因此,大腔里的液压油便通过可调式节流阀 6 如图 3-13 所示,经单向阀 B 而回流入油箱。此时,下降速度取决于油液流量,也即决定于可调式节流阀 6 的调节量。

　　在回收活塞杆,提起顶升横梁时,外荷载为顶升横梁的自重,其运动过程同前述下降过程。但由外荷载产生的压力与低压油流的压力相抵消,使大腔油液压力减小,油液压力足以推动液控活塞 C,以打开单向阀 D,液压油经单向阀 D 流回油箱。顶升横梁向上提升速度取决于液压泵的排量,一般是顶升速度的 2 倍。

三、塔式起重机顶升作业操作过程

　1. 顶升作业前的准备

　　(1)作业条件　顶升作业应在光线足够、没有摆动的条件下进行。在顶升过程中,严禁回转及其他作业。

　　(2)标准节　清理好各个标准节,在标准节连接处涂上黄油,将待顶升加高用的标准节有序的放在顶升位置的起重臂下,这样使塔式起重机在整个顶升加节过程中,操作方便,效率提高。

　　(3)电缆　电缆要伸缩自如,留有足够的长度,并紧固好电缆。

　　(4)起重臂　将起重臂旋转至顶升套架前方,平衡臂处于套架的后方(顶升油缸正好位于平衡臂下方)。

　　(5)螺栓　在套架平台上准备好连接塔身标准节用的高强度螺栓。

　2. 顶升作业前塔式起重机的配平

　　(1)配平前　塔式起重机配平前,必须先将小车运行到配平参考位置,并吊起一节塔身标准节,如图 3-14 所示。

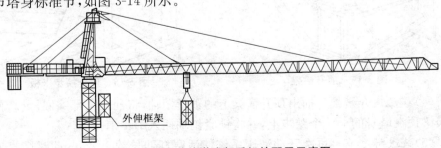

外伸框架

图 3-14　顶升前塔式起重机的配平示意图

在实际操作中,观察到爬升架上四周所有导轮基本上与塔身标准节主弦杆脱开时,即为理想位置。然后拆除回转下支座四支脚与标准节的连接螺栓。

(2)进行配平　将液压顶升系统操纵杆推至"顶升方向",使套架顶升至下支座支脚刚刚脱离塔身主弦杆的位置。

(3)检查起重机是否平衡　通过检验下支座支脚与塔身主弦杆是否在一条直线上,并通过观察套架滚轮与塔身主弦杆间隙是否基本相同来检查塔式起重机是否平衡。略微调整小车的配平位置,直至平衡,使得塔式起重机上部重心落在顶升油缸梁的位置上。

(4)标记位置　记下起重臂小车的配平位置,但要注意,这个位置随起重臂长度不同而改变。

(5)连接螺栓　操纵液压系统使套架下降,连接好回转下支座和塔身标准节间的连接螺栓。

(6)配平完成　将吊起的标准节放下。

3. 顶升作业

(1)调整变幅小车到配平位置　将安装好引进滚轮的塔身标准节吊起并安放在外伸框架上(标准节踏步侧必须与已安装好的标准节踏步一致),再吊起一个标准节并调整变幅小车到配平的位置,这样使得塔式起重机的上部重心落在顶升油缸的位置上,然后卸下塔身与回转下支座的连接螺栓。

(2)连接顶升横梁　开动液压系统,将顶升横梁如图 3-15 所示顶在塔身就近一个踏步上,并将顶升横梁的锁紧销轴插入踏步销孔内。

(3)固定顶升套架　开动液压系统使活塞杆伸长约 1.25m,放平顶升套架上的顶升换步卡板如图 3-16 所示,稍缩活塞杆,使卡板搁在塔身的踏步上。

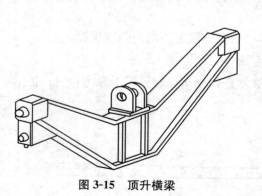

图 3-15　顶升横梁

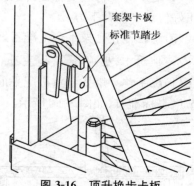

套架卡板
标准节踏步

图 3-16　顶升换步卡板

(4)移动顶升横梁　抽出顶升横梁上的锁紧销轴,将油缸全部缩回,重新使顶升横梁顶在塔身的上一个踏步上,并将锁紧销轴插入踏步销孔内。

(5)装进标准节　再次开动液压系统使活塞杆伸长约 1.25m,此时塔身上方恰好有装入一个标准节的空间,利用引进滚轮在外伸框架上滚动,人力把标准节引至塔身的正上方,对准标准节的螺栓连接孔,稍缩油缸至上下标准节接触时,用高强度螺栓将上下塔身标准节连接牢靠(预紧力矩为 2.5kN·m)后卸下引进滚轮。

(6)顶升完成 若继续加节,则可重复以上步骤。当顶升加节完毕,可调整油缸的伸缩长度,将回转下支座与塔身用高强度螺栓连接牢固,即完成顶升作业。

顶升作业时要特别注意锁紧销轴的使用。在顶升中,驾驶员要听从指挥,严禁随意操作,防止臂架回转。

四、塔式起重机顶升作业安全注意事项

①在顶升作业中,必须有专人指挥,专人照看电源,专人操作液压系统,专人紧固高强度螺栓。非专业人员不得进行顶升作业,更不得操纵液压系统和电气设备。

②顶升作业应在白天进行。若遇特殊情况需在夜间作业,必须有充分的照明。

③风力在 4 级以上时,不得进行顶升作业。如在顶升作业中风力突然增大,必须立即停止顶升作业,并紧固连接螺栓。

④顶升前应预先放松电缆,使电缆线长度略大于总爬升高度,并做好电缆卷筒的紧固工作。

⑤在顶升过程中,回转机构应制动牢固并严禁其他作业。

⑥在顶升作业中,若发现故障,应立即停止作业,检查并排除故障后才能继续顶升。

⑦每次顶升前,必须认真做好准备工作。在顶升作业完成后,应做全面检查,各连接螺栓是否按规定预紧力紧固,顶升套架滚轮与塔身间隙是否调整好,操作杆是否回到中间位置,液压系统的电源是否已切断。

第四章 塔式起重机的电气设备

塔式起重机的电气系统由电源、电气设备、导线等组成。从塔式起重机配备的开关箱接电，通过电缆送至驾驶室内断路器再到电气控制柜，由设在操作室内的万能转换开关或联动台发出主令信号，对塔式起重机各机构进行操作控制。

塔式起重机的电源一般采用380V、50Hz，三相五线制供电，工作零线和保护零线分开。工作零线用作塔式起重机的照明等220V的电气回路中。专用保护零线，常称PE线，首端与变压器输出端的工作零线相连，中间与工作零线无任何连接，末端进行重复接地。专用保护零线接在设备外壳上，由于专用保护零线通常无电流流过，不会产生任何电压，因此能起到比较可靠的保护作用。

塔式起重机的电路包括主电路、控制电路和辅助电路。主电路是指从供电电源通向电动机或其他大功率电气设备的电路。辅助电路包括照明电路、信号电路、电热采暖电路等。可以根据不同情况与主电路或控制电路相连。

塔式起重机的主要电气设备包括：电缆卷筒和中央集电环；电动机；操纵电动机用的电器，如控制器、主令控制器、接触器、继电器和制动器等；保护电器，如自动熔断器、过电流继电器和限位开关等；主电路和辅助电路中的控制、切换电器，如按钮、开关和仪表等。属于辅助电气设备的有照明灯、信号灯、电铃、喇叭、通信手机等。

第一节 电缆卷筒和中央集电环

一、电缆卷筒

电缆卷筒装置用于卷绕电缆后盘状储存。当移动用电设备行走时，卷筒则放缆、收缆。一般放缆利用电缆的张力拉动卷筒转动，松解电缆；收缆则是利用电动力、重块或弹簧势能转动卷筒收缆。轨道式塔式起重机必须装配电缆卷筒，电源要经由电缆卷筒引入塔式起重机的控制柜后，才能分送到各用电部位。

电缆卷筒分为轻、中、重三种型式。轻型电缆卷筒采用转矩电动机驱动，转矩电动机只能向收卷电缆的方向转动，其功率大小仅够其张紧并收卷电缆。这种轻型电缆卷筒最大容量为30～60m，有效作业面的长度为电缆容量的2倍。重、中型电缆卷筒采用带电磁离合器的电动机驱动，电磁离合器通过减速器带动电缆卷筒。当塔式起重机通电行走时，电动机和离合器也通电运行，实现电缆的收放。卷筒容量为150～250m，塔式起重机行驶距离可达300～500m。

F0/23B、H3/36B等型塔式起重机装备的电缆卷筒大多是50～60型或70～

110 型电缆卷筒。如图 4-1 所示,整个电缆系统由支座、导缆盒架、卷筒、电动机、可逆摩擦传动、集电环等部件组成。塔式起重机大车行走机构开始运行时,电缆卷筒电动机便立即通电,通过特殊设计的可逆摩擦传动部件带动卷筒运转。根据电缆所受的拉力,确定卷筒转向,放松电缆或回收卷绕电缆。一般在塔式起重机停止运行 5s 后,电缆卷筒电源即被切断,以保证在塔式起重机完全停车静止不动时可以收紧松弛的电缆。

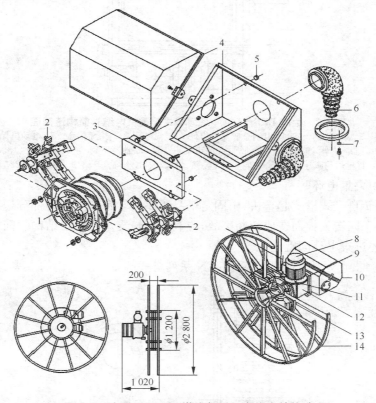

图 4-1　法国 POTAJN 塔式起重机电缆卷筒构造

1. 集电环组件　2. 电刷　3. 支座　4. 集电环罩盖　5. 螺母　6. 套管
7. 环座及螺栓　8. 电动机　9. 集电环组件　10. 集电环部件　11. 螺栓及垫圈
12. 摩擦传动部件　13. 电缆扣　14. 电缆卷筒法兰盘端板

如图 4-2 所示为 TN 系列塔式起重机电缆卷筒,可存储 $4 \times 35 mm^2$ 电缆 75m,采用笼型电动机驱动,通过液力耦合器、联轴器、行星减速器和链传动带动卷筒。德国 LIEBHERR 厂 HC 系列塔式起重机也采用类似构造的电缆卷筒。上述电缆卷筒的共同特点是:集电环设在卷筒外面,维护检修方便;集电环、传动系统和开关设备均设有较好的防水设施;卷筒两端栏板及筒体均用薄壁钢管及薄钢板组焊而成,自重较轻。

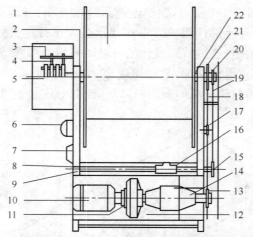

图 4-2 德国 PEINER TN 系列塔式起重机电缆卷筒构造简图

1. 卷筒 2. 滚珠轴承 3、4. 电刷总成及铜组件 5. 集电环 6. 熔断器盒 7. 电动机保护开关
8. 电缆排缆导架 9. 球面调心轴承 10. 电动机 11. 联轴器 12. 液力耦合器 13. 链轮
14. 行星齿轮减速器 15. 链轮 16. 导鞍 17、20、21. 链轮 18、19. 传动链 22. 轴

二、中央集电环

上回转自升式塔式起重机,由固定塔身承座向转台以上回转部分送电。为避免电缆由于回转失控而造成扭断事故,应利用回转支承及转台结构空间设置中央集电环,通过集电环向上送电。

如图 4-3 所示为德国 PEINER TN 系列塔式起重机所采用的中央集电环构

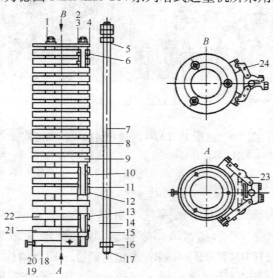

图 4-3 TN 系列塔式起重机中央集电环构造简图

1、16、19. 螺母 2、3、5. 垫圈 4. 隔离板 6、10、13、15. 隔离套 7、12. 绝缘管 8. 隔离环
9、22. 滑环 11、17. 隔离柱螺杆 14. 挡圈 18. 承托环 20. 六角螺栓 21. 接地环 23、24. 副架及电刷

造简图。该集电环由上、下支座、隔离柱、滑环组、电刷及电刷架等组成。滑环组共有 22 个筒环，串套在隔离柱上，各环直径均为 150mm，但厚薄不一，其中 4 个厚 20mm，其余 18 个厚 18mm；滑环与滑环之间采用绝缘套管隔开，通过下支座使整个滑环组铰固在底架或承座上；定心销轴、弹簧和张紧压盖通过上、下支座保持滑环组处于塔身中央位置。电刷架则通过框架固定在转台结构上，电刷架由立柱、框架、刷架、刷座和电刷组成；塔式起重机回转时，电刷套架带动电刷围绕滑环转动。外电源通过滑环、电刷作用，再经由电源线引往上部用电部位。

这种中央集电环的特点是：构造简单、零部件少、拆装方便；滑环材质好，采用精密铸造，断面小、刚度好、效率高；刷架、刷座结构合理，铰接灵活，弹簧压紧力好，电刷与滑环之间接触紧密，磨损均匀。

第二节　电　动　机

电动机分为交流电动机和直流电动机两大类。交流电动机分为异步电动机和同步电动机，异步电动机又可分为单相电动机和三相电动机。除了一些超重型塔式起重机采用直流电动机驱动外，一般塔式起重机的行走、变幅、卷扬和回转机构都采用三相异步电动机驱动。这类电动机应具备下列特性：能适应频繁短时工作的要求；起动转矩比较大，起动轻易，起动电流小；过载能力大；能适应露天恶劣天气作业环境。

一、三相异步电动机

1. 三相异步电动机的结构

三相异步电动机也叫三相感应电动机，主要由定子和转子两个基本部分组成。转子又可分为笼型和绕线型两种。

（1）定子　定子主要由定子铁心、定子绕组、机座和端盖等组成。

①定子铁心。定子铁心是异步电动机主磁通磁路的一部分，通常由导磁性能较好的 0.35～0.5mm 厚的硅钢片叠压而成。对于容量较大（10kW 以上）的电动机，在硅钢片两面涂以绝缘漆，作为片间绝缘之用。

②定子绕组。定子绕组是异步电动机的电路部分，由三相对称绕组按一定的空间角度依次嵌放在定子线槽内，如图 4-4 所示。

③机座。机座的作用主要是固定定子铁心并支撑端盖和转子。中小型异步电动机一般都采用铸铁机座。

（2）转子　转子部分由转子铁心、转子绕组及转轴组成。

①转子铁心。转子铁心也是电动机主磁通磁路的一部分，一般由 0.35～0.5mm 厚的硅钢片叠成，并固定在转轴上。转子铁心外圆均匀分布着线槽，用以浇铸或嵌放转子绕组。

②转子绕组。转子绕组按其形式分为笼型和绕线型两种。

小容量笼型电动机一般采用在转子铁心槽内浇铸铝笼条,两端的端环将笼条短接起来,并浇铸冷却成风扇叶状,如图4-5所示。

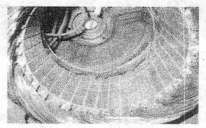

图4-4 三相电动机的定子绕组

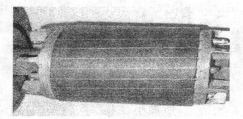

图4-5 笼型电动机的转子

绕线型电动机是在转子铁心线槽内嵌放对称三相绕组,如图4-6所示。三相绕组的一端接成星形,另一端接在固定于转轴的滑环(集电环)上,通过电刷与变阻器连接。如图4-7所示为三相绕线型电动机的滑环结构。

图4-6 绕线型电动机的转子绕组

图4-7 三相绕线型电动机的滑环结构

③转轴。转轴的主要作用是支撑转子和传递转矩。

2. 电动机的技术参数

(1)额定功率 电动机的额定功率也称额定容量,表示电动机在额定工作状态下运行时,轴上能输出的机械功率,单位为 W 或 kW。

(2)额定电压 指电动机额定运行时,外加于定子绕组上的线电压,单位为 V 或 kV。

(3)额定电流 指电动机在额定电压和额定输出功率时,定子绕组上的线电流,单位为 A。

(4)额定频率 额定频率是指电动机在额定运行时电源的频率,单位为 Hz。

(5)额定转速 额定转速是指电动机在额定运行时的转速,单位为 r/min。

(6)接线方法 表示电动机在额定电压下运行时,三相定子绕组的接线方式。目前电动机铭牌上给出的接法有两种,一种是额定电压为 380/220V,接法为Y/△(星形/三角形);另一种是额定电压 380V,接法为△(三角形)。

(7)绝缘等级 电动机的绝缘等级,是指绕组所采用的绝缘材料的耐热等级,它表明电动机所允许的最高工作温度,见表4-1。

表 4-1 电动机的绝缘等级及允许最高工作温度

绝缘等级	Y	A	E	B	F	H	C
最高工作温度/℃	90	105	120	130	155	180	>180

3. 三相异步电动机的运行与维护

(1)电动机起动前检查

①电动机上和附近有无杂物和人员。

②电动机所拖动的机械设备是否完好。

③大型电动机轴承和起动装置中油位是否正常。

④绕线型电动机的电刷与滑环接触是否紧密。

⑤转动电动机转子或其所拖动的机械设备,检查电动机和拖动的设备转动是否正常。

(2)电动机运行中的监视与维护

①电动机的温升及发热情况。

②电动机的运行负荷电流值。

③电源电压的变化。

④三相电压和三相电流的不平衡度。

⑤电动机的振动情况。

⑥电动机运行的声音和气味。

⑦电动机的周围环境、适用条件。

⑧电刷是否有冒火或其他异常现象。

二、塔式起重机常用的电动机

塔式起重机使用的电动机系列较多,一般都采用三相异步电动机。常用的是笼型异步电动机、绕线转子异步电动机。其中包括笼型三相异步变极电动机、笼型三相异步多速小车变幅电动机、笼型三相异步回转电动机等。采用不同的连接和控制方式,可实现电动机的多速控制,以满足塔式起重机的使用要求。

1. 多速电动机

在塔式起重机中,为了满足其较宽的调速范围,经常使用多速电动机。所谓多速电动机,就是使定子绕组按不同接法形成不同极数,从而获得不同的转速。在中、小型塔式起重机中,常用笼型多速电动机,这就是所谓 YZTD 系列的塔式起重机专用多速异步起重电动机。

笼型多速电动机的型号、规格比较多,双速的有 4/16、4/12、4/8 组合,三速的有 4/8/32、4/6/24、2/4/22。变极调速的笼型电动机由于受起动电流的限制,功率在 24kW 以下比较适用,若功率过高,对电网电压冲击比较大,工作不太稳定。在中等偏大型塔式起重机中,对起重量在 8t 以上、起升速度在 100m/min 左右的

24kW电动机就不够用了,如果还用笼型电动机变极调速就不太适用,应改用绕线型电动机变极调速。绕线型电动机的转子可以串电阻,降低起动电流,提高起动转矩,减少对电网的冲击,故可以增大功率,现在实际已用到50kW左右。

　　不管是笼型还是绕线型电动机,其变极方法基本上是定子绕组采用△—丫形接线法,其原理如图4-8所示。定子绕组有6个接线头,即u_1、v_1、w_1和u_2、v_2、w_2。当把三根火线接入u_2、v_2、w_2时,就是△接法,每个相串联两个绕组,这时极数多,为低速;当把火线接入u_1、v_1、w_1,并把u_2、v_2、w_2三点短接,就是丫形接法,每个相并联两个绕组,最后都通到中线,这时极数少,为高速。

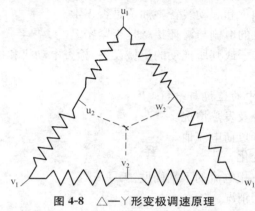

图4-8　△—丫形变极调速原理

2. 塔式起重机常用电动机的系列及型号

（1）绕线转子三相异步电动机

①JDZR—51—4/8绕线转子异步变极电动机为塔式起重机起升电动机。该电动机在总体外形上与JZR_2—51—8型绕线型三相异步电动机基本相同,在环境绝缘等级、铜环材质、电刷以及绝缘材料等方面也与JZR_2型电动机相同。JDZR—51—4/8绕线转子异步电动机的特点是具有一个4极转子、一个8极转子、6个集电环和一个涡流制动器,因而能实现阶梯式多级调速,提高工效10%～15%,降低电耗26%。

②W—223M涡流制动绕线转子异步电动机。该电动机为YZRW型冶金起重用绕线转子异步电动机与对应规格的涡流制动器,以机械耦合方式组成的塔式起重机起升电动机,除满足起重性能要求外,还因涡流制动器的可调速性,而能适应低速就位的需要。涡流制动器所需直流电通过二极管桥式整流器取得,其电压不超过110V。广西生产的QTZ5515型自升式塔式起重机就是采用这种电动机驱动起升机构,配用电磁换档的有两档速度的减速器,其电动机功率为37kW,2倍率时起升速度为100m/min、50m/min、5m/min,起重量为1.5～3t;4倍率时,速度为50m/min、25m/min、2.5m/min,起重量为3～6t。

③SYRE180—4型绕线转子异步电动机。该型电动机是一种三相异步带有

制动器的绕线转子异步电动机,另附手动松闸装置,功率为 51.5kW,可取代进口电动机,用于 H3/36B 型塔式起重机上。按 H3/36B 型塔式起重机设计,其起升机构采用两台这种电动机,一台用作原动机(高速电动机),另一台用作制动电动机(低速电动机),在转子回路中加入三相全波整流并串联适当电阻进行调速,可得到五种工作速度。

④YTSR 系列绕线转子异步电动机为塔式起重机起升电动机。该系列电动机由绕线转子三相异步电动机和断电制动式电磁制动器组成。制动器为盘式分布绕组结构。制动器设有手动释放装置,能在断电情况下解除制动,便于电动机安装调试,或在故障状态放下重物。

(2)笼型三相异步变极电动机

①YTS 系列自制动笼型变极电动机。该类型电动机是极比为 22/4/2 和 16/4/2 的双电枢三速电动机,各速均为独立绕组,转向一致;绕组中埋设有热敏控温元件,电动机尾部附加有断电制动式电磁制动器,并装有独立的冷却风机。

该类型电动机结构紧凑、极比合理、工作效率高、起动转矩大、起动电流小、绕组温升低、控制方便。电磁制动器具有手动释放装置,无电源、安装调试以及遇有故障情况时,均可利用手动释放装置解除制动以便完成工作。该类型电动机主要用作塔式起重机起升电动机,但功率小者也可用作大型塔式起重机小车变幅机构的驱动电动机。

②YTS 系列笼型变极电动机。该类电动机是极比为 24/2/4、24/6/4、32/8/4、32/6/4 的双电枢三速起升电动机,各速均为独立绕组,转向一致。高速为 4极,低速为 24 极、32 极,具有高滑差,便于起动和慢就位。

该类电动机的起动转矩大、起动电流小、绕组温升低,并在绕组中埋设有热敏控温保护元件。根据用户需要,可在电动机尾部装设冷却风机或电磁制动机。

③YZTD 笼型单电枢多速电动机。该类电动机有两种:一种是单电枢双速式,另一种是单电枢三速式。各极均为独立绕组,具有调速比大、起动电流小、起动转矩大、绕组温升低、可靠性高、电控和减速器简单、使用维护方便等特点。这两种笼型多速电动机均不带制动器,尾部装有冷却风机。该类电动机主要用于塔式起重机起升机构。

④YDEJ 系列笼型电磁制动变极多速电动机。该系列电动机是在变极多速电动机的后端与冷却风扇之间加设一个直流电磁制动器而成,具有快速制动和准确安装就位的特点。电磁制动器有多种励磁电压,用作塔式起重机起升和小车变幅机构驱动电动机时,其励磁电压为 DC24V,由塔式起重机电控柜整流供给。

⑤TSYDE 系列笼型带制动器多速电动机。该系列电动机有三组独立绕组,具有高、中、低三档速度和几种不同输出功率。电动机尾部装有常闭式直流制动器及手动松闸装置。在绕组中埋设有热敏控温元件,两种极比为 2/4/16 和 2/4/

24,工效高,工作可靠,可用作额定起重力矩为 800~1200kN·m 级塔式起重机起升电动机。

⑥YZTDE180 型电磁制动三速三相异步电动机为塔式起重机起升电动机。该型电动机为单电枢笼型,尾部附装有电磁制动器。它具有调速比大、起动电流小、起动转矩大、可靠性高和使用维护方便等特点,并且可频繁地起动、制动及逆转,承受经常性的机械振动及冲击。制动器设有手动释放装置,能在断电情况下解除制动,便于电动机安装、调试,或在故障状态下放下重物。

⑦YZEJ132M—4 型盘式制动三相异步电动机。该型电动机为封闭式自扇冷三相交流异步笼型起重用电动机。尾部装有直流圆盘式制动器,具有改善起动性能,可保持制动电磁铁与电枢间恒定间隙,并自动跟踪进行调整的功能。该类电动机的优点是:起、制动平缓,结构简单,操作方便,性能安全可靠,既适用于连续工作制(7.5kW),也适用于断续工作制(9.5kW)。该型电动机制动器还装备有手动释放装置,在电源中断时,可通过手动装置放下重物。

⑧YZTD200—250C、TYDEF180C 系列笼型多速起升电动机。这两个系列的新型电动机共 8 种型号,11 个规格。其特点是在三速笼型异步电动机内装有测试传感器,是集电动机、制动器、测速传感器、测温传感器于一体的电动机。可在电动机实际运转中,将换档、变极、调速、信号同步反馈到电气控制系统中,实现平滑过渡换档变速过程,从而极大地改善了多速电动机的调速性能,是我国塔式起重机技术上的一项重大突破。

(3)笼型三相异步多速小车变幅电动机

①TYDEJ112 4/2 型笼型多速电动机。该型电动机是 360B、F0/23B 及 H3/36B 三种引进型塔式起重机通用的小车变幅机构专用电动机,尾部装有圆盘制动器,有 2~3 种速度。

②YLEW112M—4 型涡流调速力矩电动机。这种电动机均是笼型三相异步4 极特种电动机,其前部装有涡流调速器,尾部装有一个直流制动器,集调速与制动于一体,功效高,有较大的过载能力,是塔式起重机小车变幅、回转及大车行走通用电动机。

③YTLEJ 系列力矩三相异步电动机。该类电动机由力矩电动机、涡流制动器、电磁制动器及冷却风机组成,主要用作塔式起重机小车变幅及回转机构驱动电动机。该类电动机在其转速范围内可任意设定无级或有级调速,具有恒张力、恒线速、起动变速平滑和快速制动、准确定位等特点。由于装设在卷筒外面,因此散热性能好,检修方便。

④YTC 笼型电磁制动小车变幅三相异步电动机。该型电动机为双电枢三速电动机,中、高速共用一个电枢,但为独立绕组,绕组中埋有热敏控温元件。并装有自动断电式电磁制动器和手动释放装置。在电动机中部还装有法兰,是专为轻

型塔式起重机配套的小车变幅电动机。

（4）笼型三相异步塔式起重机回转电动机

①YLEZ112M—4调压调速力矩电动机。该型电动机是吸收国外同类先进产品优点而开发的塔式起重机回转专用电动机，具有塔式起重机臂长、起重能力大等特点，选用一台或多台电动机驱动回转机构。该电动机为4级调速有制动器的电动机，可通过调整电压对转速进行调节，保证起、制动平稳运行。

②THY132M—4、THY112M—4、THY132S—4型回转、小车通用电动机。该三种电动机均是由引进技术开发的塔式起重机配套电动机，属单速4极电动机，装有电磁联轴器，通过改变联轴器励磁电流、电磁耦合作用，可得到不同转速。利用测速发电动机对臂架回转速度进行控制，可使臂架免受风力作用而反转和剧烈振动，保证塔式起重机正常工作。

该三种电动机功率分别为5.5kW、4kW和9kW。前两种为F0/23B配套回转电动机，后者为H3/36B配套回转电动机。

③YTH系列笼型三相异步回转电动机。该类电动机装有电磁联轴器，其构造性能与THY系列回转电动机相同，只是因生产厂家不同而有不同命名。

第三节　控　制　电　器

一、手动控制电器

塔式起重机各个工作机构的起动、制动、换向以及变速都要在驾驶室内通过驾驶员人力操纵控制器上的手柄来完成。塔式起重机上常用的手动控制电器主要有万能转换开关、凸轮控制器、主令控制器和联动控制台。

1. 万能转换开关

万能转换开关主要用于交流380V、50Hz及以下电路和直流220V及以下电路，还用于电气控制线路和电气测量仪表电路的转换，以及5.5kW以下异步电动机直接起动、转向和多速电动机的控制。其允许操作频率不大于120次/小时，机械寿命达10^6次。工程上常用的万能转换开关有LW5、LW8和LW12等系列，其结构组成分为操作机构、定位、限位系统、接触系统、面板及手柄几部分，外形如图4-9所示。

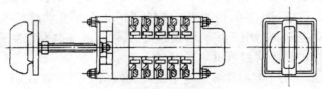

图4-9　万能转换开关外形

万能转换开关体积小,便于布置在操作盘上,目前常用于轻型塔式起重机中传动系统、起升机构和变幅机构电动机的控制。

2. 凸轮控制器

凸轮控制器是用于频繁地按顺序转换主电路或控制电路接线的开关电器。其结构与万能转换开关相类似,也是由手柄、凸轮鼓、触头系统、棘轮系统以及防护壳体组成。当手柄处于不同档位时,触头具有不同的接通方式,电路相应具备不同的功能。

塔式起重机上主要用凸轮控制器来控制绕线转子电动机的转子串电阻调速,是介于电动机与电阻器之间的一个关键性开关,用于接入或切出电阻器的电阻,使电动机获得所需要的机械特性;也用于控制电动机的正反转,以实现如起升和下放等特定工作要求。

塔式起重机上常用的凸轮控制器有 KT10、KT14 和 KTJ15 等系列,操作频率 600 次/小时,可控电动机功率 $2 \times 16kW$,额定电压为交流 380V 及以下,额定电流分为 25A 和 60A 两个等级。

凸轮控制器的线路简单、维护方便,具有可逆对称线路。用于控制绕线转子异步电动机时,转子可串接不对称电阻,以减少转子触头数量。但是用于控制起升机构电动机时,在下降时不能达到稳定低速,只能靠点动操纵来实现准确停车。

3. 主令控制器

主令控制器又称磁力控制器或远距控制器,其本身同电动机并没有直接联系,而是通过操纵磁力控制盘(装有一整套接触器、继电器、熔断器及其他控制保护电器的交流磁力控制盘)的控制回路以实现对电动机的起动、制动、换向和变速的控制。

主令控制器适用于大容量电动机的控制,每小时通断次数可以达到或超过 600 次。凸轮型主令控制器因其接触部分的构造仿照凸轮控制器接触部分的设计而得名,在塔式起重机上应用较广,其特点是体积较小、使用方便和作用可靠。

4. 联动控制台

联动控制台也称起重机控制台,是新一代起重机上的控制装置,我国 20 世纪 80 年代生产的塔式起重机开始逐渐采用这种控制装置。目前,国产塔式起重机采用的联动控制台有多种型号,其中应用较广的有 QTF、QT12、QT4 等。QTF 是用于 F0/23B、H3/36B 等引进机型的控制台,设置有自动复位及零位自锁机构。便携式联动控制台适用于快装塔式起重机;而驾驶室联动控制台则专供在驾驶室内使用,大、中型塔式起重机均适用。

如图 4-10 所示为 F0/23B 塔式起重机驾驶座椅两侧联动控制台及配套辅助控制开关示意图。联动控制台在塔式起重机驾驶室内分设于驾驶座椅左、右两侧,以利于塔式起重机驾驶员分别用左、右手进行操纵。

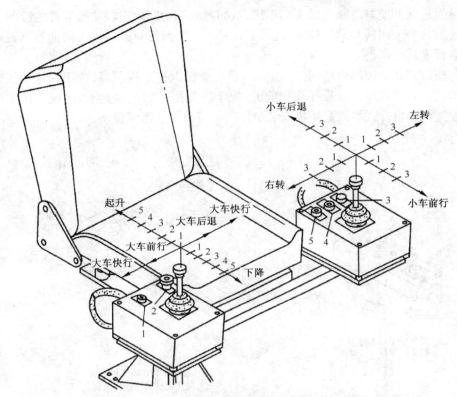

图 4-10 F0/23B 塔式起重机驾驶座椅两侧联动控制台及配套辅助控制开关示意图

1. 喇叭按钮 2. 断电开关 3. 警示灯 4. 分流电路开关 5. 回转制动

联动控制台由左、右两部分组成,每一部分又包括联动操纵杆总成、主令开关总成和传动座总成。操纵杆总成由球状按钮手柄、球柄杆、软轴、球铰头和防尘套组成。传动座总成包括过桥扇形齿块和球铰座扇形齿块。通过巧妙安排机构细部的构造设计,使每一个联动操纵杆不仅能单独控制一个工作机构电动机的起动、制动、转向和变速,而且能同时控制两个工作机构电动机的运作。通常右联动操纵杆负责控制起升机构和大车行走机构,而左联动操纵杆则负责控制变幅机构(动臂俯仰变幅机构或水平臂小车变幅机构)和回转机构。

推动右联动操纵杆向前或向后拉回操纵杆,便可分别使吊钩上升或下降;握住右联动操纵杆向两侧摆动,则可分别使大车前进或后退。推动左联动操纵杆向前或向后拉回操纵杆,则可使变幅小车向前行或向后退(动臂向上仰起或由上向下俯落);握住左联动操纵杆手柄向两侧移动,则可使臂架向左或向右转动。随着联动操纵杆移动量的增大或减小,相应工作机构电动机的转速也相应地加快或减慢。左、右联动操纵杆的控制手柄上一般都附装一个紧急安全按钮,压下该按钮,便可通过软轴使紧急断电触头起作用，从而将电源切断。左联动操纵杆的控制手柄还附装一个回转制动器控制按钮，通过转动该按钮可对回转机构制动器闸瓦的抱紧程度进行调整。

便携式联动控制台如图 4-11 所示，将联动操纵主令控制器、按钮和开关等设备移装在一个可用皮带悬挂在胸前的、便于随身携带的控制盒上，便成为快装塔式起重机和自升式塔式起重机安装阶段所不可缺少的操纵设备。

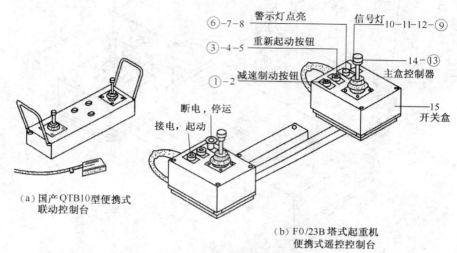

（a）国产 QTB10 型便携式联动控制台

（b）F0/23B 塔式起重机便携式遥控控制台

图 4-11　便携式联动控制台

二、接触器

接触器是利用自身线圈流过电流产生磁场，使触头闭合，以达到控制负载的电器。接触器是电力拖动和控制系统中应用最为广泛的一种电器，它可以频繁操作，远距离闭合、断开主电路和大容量控制电路。接触器除了频繁控制电动机外，还用于控制电容器、照明线路和电阻炉等电气设备。接触器可分为交流接触器和直流接触器两大类。

接触器主要由电磁系统（铁心和线圈）、触头系统（动静触头）和灭弧装置等几部分组成。线圈和静铁心固定不动，线圈通电时，产生磁力，将动铁心（衔铁）吸合，动静触头吸合，使负载接通电源，电动机运转。断电时靠弹簧的作用使动静触头分开，电动机停止运转。交流接触器的交流线圈的额定电压有 380V、220V 等，如图 4-12 所示为几种常见的接触器。

三、继电器

继电器是一种自动控制电器，在一定的输入参数下，它受输入端的影响而使输出参数有跳跃式的变化。常用的有中间继电器、热继电器和时间继电器等。如图 4-13 所示为几种常见的继电器。

图 4-12 几种常见的接触器

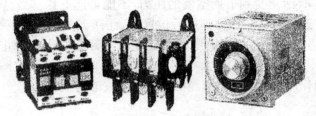

图 4-13 几种常见的继电器

1. 中间继电器

中间继电器通常用来传递信号和同时控制多个电路,也可直接用它来控制小容量电动机或其他电气执行元件。中间继电器的结构和交流接触器基本相同,只是电磁系统小些,触头多些。

2. 热继电器

热继电器是用来保护电动机免受长期过载的危害。

热继电器是利用电流的热效应而动作的,它的原理如图 4-14 所示。热元件 1 是一段电阻不大的电阻丝,接在电动机的主电路中。双金属片 2 由两种具有不同线膨胀系数的金属辗压而成,下层的金属膨胀系数大,而上层的小。当主电路中电流超过允许值而使双金属片发热时,它便向上弯曲,因而脱扣,扣板 5 在弹簧 6 的拉力下将常闭触头 3 断开。触头 3 是接在电动机的控制电路中,控制电路断开而使接触器的线圈断电,从而断开电动机的主电路。

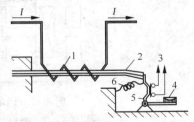

图 4-14 热继电器的原理图
1. 热元件 2. 双金属片 3. 常闭触头
4. 复位按钮 5. 扣板 6. 弹簧

由于热惯性,热继电器不能作短路保护。因为发生短路事故时,我们要求电路立即断开,而热继电器是不能立即动作的。但是这个热惯性也是合乎我们要求的,在电动机起动或短期过载时,热继电器不会动作,这可避免电动机的不必要的停车。如果要热继电器复位,则按下复位按钮 4 即可。

3. 时间继电器

时间继电器可以进行延时控制。例如电动机的 Y—△ 换接起动,先是 Y 联结,经过一定时间待转速上升到接近额定值时换成 △ 联结,这就得用时间继电器来控制。

在交流电路中常采用空气式时间继电器,它是利用空气阻尼作用而达到动作延时的目的。如图 4-15 所示,当吸引线圈 1 通电后就将动铁心 2 吸下,使动铁心 2 与活塞杆 3 之间有一段距离。在释放弹簧 4 的作用下,活塞杆就向下移动。在伞形活塞 5 的表面固定有一层橡胶膜 6,当活塞向下移动时,在橡胶膜上面造成空气稀薄的空间,活塞受到下面空气的压力,不能迅速下移。当空气由进气孔 8 进入时,活塞才逐渐下移。移动到最后位置时,杠杆 11 使微动开关 10 动作。延时时间即为自电磁铁吸引线圈通电时刻起到微动开关动作时为止的这段时间。通过调节螺钉 9,调节进气孔的大小就可调节延时时间。吸引线圈断电后,依靠恢复弹簧 12 的作用而复原。空气经由出气孔 7 被迅速排出。

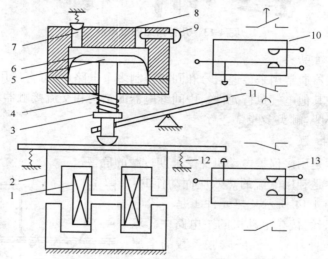

图 4-15　通电延时的空气式时间继电器

1. 吸引线圈　2. 动铁心　3. 活塞杆　4. 释放弹簧　5. 伞形活塞
6. 橡胶膜　7. 出气孔　8. 进气孔　9. 调节螺钉　10. 微动开关
11. 杠杆　12. 恢复弹簧　13. 微动开关

如图 4-15 所示的时间继电器是通电延时。有两个延时触头:一个是延时断开的常闭触头,一个是延时闭合的常开触头。此外,还有两个瞬时触头,即通电后微动开关 13 瞬时动作。

时间继电器也可做成断电延时,实际上只要把铁心倒装一下就成。断电延时的时间继电器也有两个延时触头:一个是延时闭合的常闭触头,一个是延时断开的常开触头。

空气式时间继电器的延时范围大(有 0.4～60s 和 0.4～180s 两种),结构简单,但准确度较低。除空气式时间继电器外,在继电接触器控制线路中也常用晶体管时间继电器。

四、限位开关

限位开关在控制电器中通称行程开关,是一种将机械信号转换为电信号来控制运动部件行程的开关元件。它不用人工操作,而是利用机械设备某些部件的碰撞来完成的。用于交流 380V 及以下、频率为 50Hz 或 60Hz、直流 220V 或 110V 以下的电路中,控制机械设备运动部件的行程、工作程序和安全限位。图 4-16 为几种常见的限位开关。

图 4-16 几种常见的限位开关

在塔式起重机电气系统中,限位开关是不可缺少的控制电器,其功能是切断外接电源,停止电动机运行,防止安全事故发生。在塔式起重机电气系统中采用的限位开关可分为两大类:一类是直动式限位开关,另一类是传动式限位开关。力矩限制器上装用的大多是直动防护式自动复位行程开关和柱塞直动式行程开关。小车变幅水平臂自升式塔式起重机起升机构用吊钩高度限位器,小车牵引机构用的小车行程限位器以及回转机构用的回转限位(转数限制)器都必须采用传动式限位开关。通过对该类限位开关内部传动系统的调整,使之在预定条件下实现断电作用。

传动式限位开关的体形比较大,构造较复杂,在盒式壳体内装有传动装置(蜗杆传动或齿轮副传动)及凸轮机构。这种限位开关外端装有小齿轮,在工作机构传动系统带动下,小齿轮转动并驱使限位开关壳体内的传动机构动作进而带动凸轮机构,通过凸轮作用切断电动机的电源。

F0/23B 型塔式起重机回转限位器构造如图 4-17 所示。小齿轮 6 与回转支承大齿圈啮合,可随着回转过程记录回转圈数。小齿轮 6 的转动带动限位开关壳体内设传动系统转动,从而驱使凸轮机构 4 运转,并令接触器 5 工作,切断电动机的电源,停止塔式起重机回转。这种回转限位装置应在塔式起重机不带负荷情况下进行试调。

五、短路保护装置

一般熔断器和自动空气开关或断路器就是短路保护装置。

熔断器中的熔片或熔丝用电阻率较高的易熔合金制成,线路在正常工作情况下,熔断器不应熔断。当发生短路或严重过载时,熔断器应立即熔断。为了不使

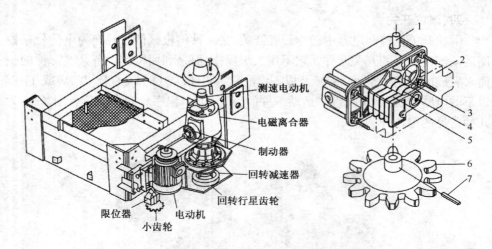

（a）回转机构及回转限位器的装设   （b）回转限位器的构造

图 4-17   F0/23B 塔式起重机回转限位器的装设及构造

1. 限位开关内传动系统的轴身（小齿轮通过销钉，7 固定在此轴身上）

2. 限位开关上箱盖 3. 传动系统齿轮 4. 凸轮机构 5. 接触器 6. 小齿轮 7. 销钉

故障范围扩大，熔断器应逐级安装，使之只切断电路里的故障部分。熔断器应设置在开关的负载侧，以保证更换熔断丝时，只要拉开开关，就可在不带电的情况下操作。常用的熔断器有 RC 型（插入型）、RI 型（螺旋型）、RTO 型（管式）和 RS 型（快速式），如图 4-18 所示。

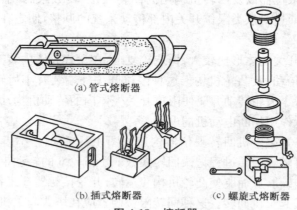

(a) 管式熔断器

(b) 插式熔断器   (c) 螺旋式熔断器

图 4-18   熔断器

自动断路器或空气开关，属开关电器，适用于当电路中发生过载、短路和欠压等不正常情况时，能自动分断电路的电器，也可用于不需要频繁地起动电动机或接通、分断电路的电器中。

对于自动化程度较高的电动机和高压电动机，一般采用继电器保护。

六、漏电保护器

漏电保护器，又称剩余电流动作保护器，主要用于保护人身因漏电发生电击伤亡、防止因电气设备或线路漏电引起电气火灾事故。

用于防止人为触电的漏电保护器，其动作电流不得大于 30mA，动作时间不得大于 0.1s。用于潮湿场所的电器设备，应选用动作电流不大于 15mA 的漏电保护器。

漏电保护器按结构和功能分为漏电开关、漏电断路器、漏电继电器、漏电保护插头、插座。漏电保护器按极数还可分为单极、二极、三极、四极等多种。

七、电控柜

塔式起重机电气系统中的各种控制电器，如各种交、直流接触器，继电器，断路器，整流器，变压器等全部放在电控柜内。电控柜与联动操纵台连接均是多芯电缆接插件连接。

对电柜的基本要求是：密封性好、不漏水、不易进尘土，有良好的通风散热装置，器件固定位置准确，螺栓紧固和检修方便。

电控柜两侧有防雨通风口，柜内设有抽风机冷却降温，使柜内温度不超过40℃。电控柜内设有干燥驱潮发热电阻盒，能在塔式起重机休息间隙自动接通电源，驱除柜内潮湿气雾。

电控柜下部采用大功率蜂鸣发声器，报警声传播可靠，使联动控制台语音提示报警系统能及时由联动控制台播出，提示驾驶员正确操作，注意安全。

电控柜安全保障设施齐全，过电压、欠电压、断路器跳断、熔断器烧断均有声光显示，整流器击穿或开路均会停止工作，并有语音提示。

我国塔式起重机上装用的电控柜有些是生产厂家自制的，有些则是由专业工厂提供的。

第五章 塔式起重机的安全装置

安全装置是塔式起重机的重要装置,其作用是避免错误操作或违章操作所导致的严重后果,使塔式起重机在允许荷载和工作空间中安全运行,保证设备和人身安全。安全装置包括:限位装置、防止超载装置、止挡连锁装置和报警及显示记录装置。

第一节 限 位 装 置

限位装置又称限位器,按其功能又分为以下几种。

起升高度限位器(又称吊钩高度限位器)。用于防止吊钩行程超越极限而出现碰坏起重机臂架结构和出现钢丝绳乱绳现象。高层建筑施工用塔式起重机(附着式塔式起重机和内爬式塔式起重机)的起升高度限位器又可分为吊钩起升限位器(高度限位)和吊钩下降限位器(深度限位)。

回转限位器。用以限制塔式起重机的回转角度,防止扭断或损坏电缆。凡是不装设中央集电环的塔式起重机,均应配置回转限位器。

小车变幅幅度限位器(又称小车行程限位器)。用于使小车在到达臂架头部或臂架根端之前停车,防止小车越位事故的发生。

动臂变幅幅度限位器。用于防止俯仰变幅臂架在变幅过程中,由于错误操作而使臂架向上仰起过度,导致整个臂架向后翻倒事故。

大车行程限位器。用于限制大车行走范围,防止由于大车越位行走而造成的出轨倒塔事故。

一、起升高度限位器

1. 俯仰变幅动臂用的吊钩高度限位器

俯仰变幅动臂的吊钩高度限位器一般由碰杆、杠杆、弹簧及行程开关(终点开关)等组成,多固定于起重臂端头或悬吊于臂头。

如图 5-1 所示为 QT16 塔式起重机用的吊钩高度限位器。当吊钩滑轮起升到极限位置,滑轮夹套托住重锤和拉杆,由于弹簧销轴压迫行程开关的触头,起升机构的电源被切断。

如图 5-2 所示为 KB—100.1 型塔式起重机的吊钩高度限位器。图中重锤 3 通过钩环 7 和限位器钢丝绳 2 与终点开关 1 的杠杆相接。在重锤处于正常位置时,终点开关触头闭合。如吊钩上升,托住重锤并继续略微上升以解脱重锤的重

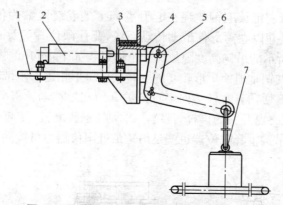

图 5-1 QT16 塔式起重机吊钩高度限位简图

1. 底座 2. 行程开关 3. 弹簧 4. 轴 5. 销 6. 曲臂拉杆 7. 重锤

力作用,则终点开关 1 的杠杆便在弹簧作用下转动一个角度,使起升机构的控制回路触头断开,从而停止吊钩上升。

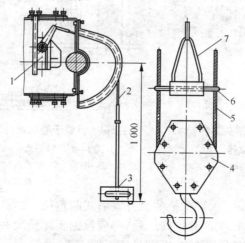

图 5-2 KB—100.1 型塔式起重机吊钩高度限位器的构造简图

1. 终点开关 2. 限位器钢丝绳 3. 重锤 4. 吊钩滑轮
5. 起重钢丝绳 6. 导向夹圈 7. 钩环

如图 5-3 所示为一种由吊钩滑轮组上的托板 1、碰钩 2 及终点开关 3 组成的吊钩高度限位器。当吊钩上升到极限位置时,固定于吊钩滑轮上的托板 1 便触及碰钩 2,促使碰钩转动一个角度,碰钩的另一头便压下终点开关的推杆,使终点开关的触头断开,从而切断起升机构电源,停止吊钩继续上升。

2. 小车变幅水平臂架自升式塔式起重机吊钩行程限位器

水平臂架自升式塔式起重机起升重物时,钢丝绳在卷筒上的卷绕长度(卷绕匝数)随吊钩高度变化而变化。因此,水平臂架自升式塔式起重机吊钩高度限位器的设计,必须以一定长度钢丝绳在起升卷筒上的卷绕匝数为依据,将限位开关布设在卷筒近旁,并以卷筒部件带动传动系统,驱使限位开关及时动作。

　　如图 5-4 中所示的吊钩高度限位器的工作过程如下:起升重物时,卷筒转动,卷筒法兰盘端板上的销轴迫使星形轮 4 随之转动。星形轮进一步带动螺杆转动,螺杆上套装着的螺母 8 便顺着螺杆 7 向终点开关 9 所在处移动。当吊钩起升到极限位置时,螺母便压住终点开关的推杆,把终点开关的触头断开,使起升机构断电停车,吊钩停止上升。吊钩下降限位器也就是吊钩最低限位器也可按同样原理设计。

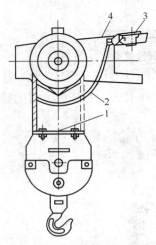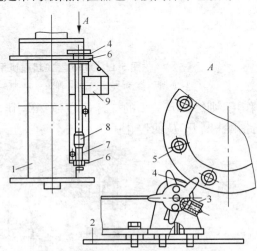

图 5-3　安装于臂架头部的
吊钩高度限位器
1. 托板　2. 碰钩
3. 终点开关　4. 臂头

图 5-4　装设于卷筒近处的吊钩高度限位器
1. 卷筒　2. 机架　3. 定位器　4. 星形轮
5. 销轴　6. 轴承　7. 螺杆　8. 螺母
9. 终点开关

　　所有采用小车变幅水平臂架的自升式塔式起重机,在每次转移工地安装完毕投入施工之前,以及每次顶升接高之后,都应根据实际情况和具体施工要求,对吊钩行程限位开关进行适当调整,以满足施工要求。

　　调试时,应先调整限制吊钩起升高度的限位开关,再调试吊钩下降的限位开关。令吊钩以 2 倍率起升,并在吊钩滑轮上升到距离变幅小车约 1m 处停止,打开传动式限位开关的上盖,调整凸轮的位置,打开触头,从而使起升机构电源断开,吊钩即停止上升。如吊钩落地,起升机构卷筒继续松绳,必会造成乱绳事故。吊钩下降限位开关的用途在于防止由于操作失误而导致钢丝绳松弛的乱绳事故。吊钩下降限位开关的调试方法与调试吊钩起升高度限位开关的方法相同。

　　二、回转限位器

　　不设中央集电环的塔式起重机,必须设置回转限位器以保证塔式起重机回转圈数不超过极限范围,防止电缆被扭断而造成安全事故。

　　如图 5-5(a)所示回转限位器,终点开关的轴通过其内部传动装置及小齿轮 2

与回转支承的大齿圈3相啮合,终点开关安装在转台4附设的支架上。塔式起重机转动,使得终点开关内的轴也随之转动;当此轴转动到一定位置时,就会使开关里的触头脱开,从而切断回转机构的电源,使塔式起重机停转。通过改变终点开关内凸轮垫片位置,即可对此回转限位开关进行调整。

如图5-5(b)所示为采用带回转装置的终点开关的回转限位器。终点开关5通过支架6固定于转台上,支架结构由齿条9、两个定位器10和铰装于底架上的拨叉架11组成。当塔式起重机右回转时,终点开关碰杆7的碰杆头8滚过拨叉架11的斜面,终点开关的碰杆7便进行滑动而断开终点开关的触头。当塔式起重机向左回转时,终点开关的碰杆碰头沿着齿条翼缘的下皮滑动。当塔式起重机回转360°时,限位开关的碰杆头便进入拨叉架11。当塔式起重机继续向左转时,拨叉架就转动至第二个定位器的止挡处;如塔式起重机进一步向左转,碰头就在拨叉架表面滚动以致断开终点开关的触头。此种回转限位器可保证塔式起重机由原出发位置回转两圈。通过定位器(定位螺钉)10调整拨叉架11的位置,可对回转限位器进行适当调整。

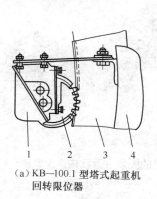

（a）KB—100.1型塔式起重机
回转限位器

（b）KB—100.0型塔式起重机
回转限位器

图 5-5　两种回转限位器的构造

1. 终点开关　2. 小齿轮　3. 大齿轮　4. 转台　5. 终点开关　6. 支架
7. 限位器碰杆　8. 碰杆头　9. 齿条　10. 定位器　11. 拨叉架

自升系列塔式起重机的回转限位器,采用吊钩行程限位器中所采用的传动式限位开关,这种回转限位器的安装位置及构造见第100页图4-17所示及相关内容。

调试回转限位器时,吊钩必须空载。在调试之前,先让塔式起重机向右转或向左转,并用手按下触头.以判明控制右向转动和左向转动的断电器的确切序号。正式进行调试时,先调右向回转限位器,然后调整左向回转限位器。开始试调时,先令臂架转动到极限位置,即保证电缆不发生扭转。

三、小车行程限位器

小车行程限位器设置在小车变幅式起重臂的头部和根部,包括终点开关和缓冲器(常用的有橡胶和弹簧两种),用来切断小车牵引机构的电路,防止小车越位而造成安全事故,如图5-6所示。

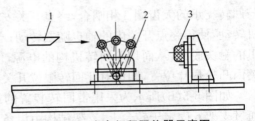

图5-6　小车行程限位器示意图
1. 起重小车止挡块　2. 限位器　3. 缓冲器

如图5-7(a)所示,自升式塔式起重机的小车行程限位器设置在小车变幅机构钢丝绳卷筒一侧,利用卷筒轴带动传动式限位开关进行操作。

如图5-7(b)所示,自升式塔式起重机小车行程限位器所用的传动式限位开关,与该塔式起重机起升高度限位器和回转限位器所用的传动式限位开关相同,由传动系统、凸轮机构和断电触头组成。传动式限位开关输入轴上装有小齿轮,小车变幅机构卷筒轴一端装有齿圈,通过齿圈带动限位开关的小齿轮,从而驱动限位开关内部的传动系统,使凸轮在钢丝绳卷筒正、反转数达到一定极限(变幅小车前进或后退行程达到极限)时,均压迫相应触头,切断小车变幅机构的电源,小车停止运行。

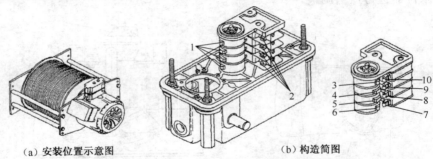

(a) 安装位置示意图　　　　　　　　(b) 构造简图

图5-7　自升式塔式起重机小车行程限位器的安装位置及构造示意图
1. 凸轮组　2. 断电器　3、4、5、6. 凸轮　7、8、9、10. 断电触头

四、幅度限位器

幅度限位器用来限制起重臂在俯仰时不得超过极限位置(一般情况下,起重臂与水平夹角最大为70°,最小为10°)的装置。当起重臂在俯仰角度达到一定极限值时发出警报,当达到限定位置时,则自动切断电源。如图5-8所示的幅度限位器由一个半圆形活动转盘7、拨杆1、限位器4和5等组成。拨杆1随起重臂转动,电刷3根据不同的角度分别接通指示灯触点,把起重臂的不同倾角通过灯光信号传送到操纵室的指示盘上。当起重臂变幅到两个极限位置时,则分别撞开两个限位器4和5,随之切断电源,起重臂停止运行。

五、大车行程限位器

大车行程限位器包括设置在轨道两端尽头的止动缓冲装置、止动钢轨以及装在起重机行走台车上的终点开关,用来防止起重机脱轨。

如图5-9所示是塔式起重机普遍采用的一种大车行程限位装置。当起重机按图示箭头方向行进时,终点开关的杠杆即被止动断电装置(如斜坡止动钢轨)所转动,电路中的触点断开,行走机构则停止运行。

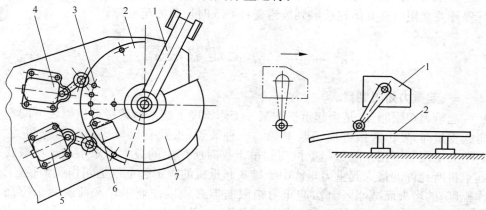

图 5-8　幅度限位器

1. 拨杆　2. 刷托　3. 电刷　4、5. 限位器
6. 撞块　7. 半圆形活动转盘

图 5-9　大车行程限位装置

1. 终点开关　2. 止动断电装置

自升式塔式起重机大车行走机构的行程限位器由一个限位开关和一个越位行程开关组成,如图 5-10 所示。大车行程限位开关由限位开关箱体 3、摇臂 2 及

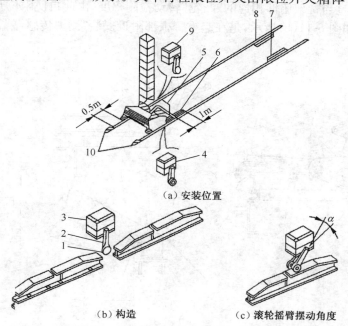

（a）安装位置

（b）构造　　　　　　　　　（c）滚轮摇臂摆动角度

图 5-10　自升式塔式起重机大车行程限位器安装位置及构造图

1. 滚轮　2. 摇臂　3. 限位开关箱体　4. 限位开关
5、6、7、8. 坡道碰杆　9. 越位行程开关　10. 端部缓冲止档装置

滚轮1组成。当塔式起重机驶近轨道端头时,滚轮触及坡道碰杆7、6使限位开关4起作用。若限位开关4出现故障不能切断大车电源停止大车继续行进时,越位行程开关9便会在其滚轮接触到坡道碰杆8、5时切断大车电源。

第二节　防止超载装置

一、起重力矩限制器

起重力矩限制器,是当起重机在某一工作幅度下起吊荷载接近该幅度下的额定起重量时,发出警报进而切断电源的一种装置,主要有机械式和电动式两类。起重力矩限制器用来限制起重机在起吊重物时所产生的最大力矩不超越该塔式起重机所允许的最大起重力矩。由于塔式起重机的额定起重量是随作业半径(工作幅度)的增大而减小,因此,起重力矩限制器必须以作业半径和荷载两个方面(力矩)进行检查。根据塔式起重机构造和形式(动臂式或小车式)不同,起重力矩限制器可装在塔帽、起重臂根部和端部等位置。

1. 动臂式塔式起重机起重力矩限制器

动臂式塔式起重机起重力矩限制器分机械式和电动式两种。

机械式如图5-11(a)所示,是通过钢丝绳的拉力、滑轮、控制杆及弹簧组合检测荷载,又通过与臂架俯仰相连的"凸轮"转动检测幅度,由此再使限位开关工作。

电动式如图5-11(b)所示,是在起重臂根部附近安装"测力传感器"以代替弹

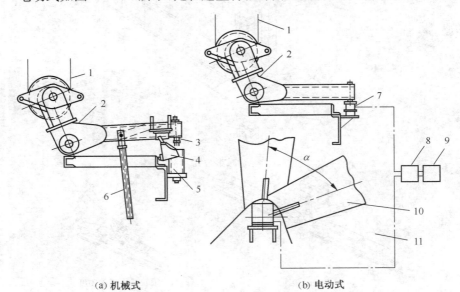

(a) 机械式　　　　　　　　　　(b) 电动式

图5-11　动臂式起重力矩限制器工作原理示意图

1. 起重钢丝绳　2. 控制杆　3. 限位开关　4. 凸轮　5. 压簧　6. 与臂架根部连接件
7. 负载检测器　8. 中继箱　9. 仪表　10. 臂架　11. 旋转半径检测器　α—臂架可动范围

簧;安装电位式或摆动式幅度检测器以代替凸轮,进而通过设在操纵室里的力矩限制器合成这两种信号,在过载时切断电源。电动式力矩限制器优点是可在操纵室里的刻度盘(或数码管)上直接显示出起重量和工作幅度,并可事先把不同臂长时的几条起重性能曲线编入机构内,因此使用较多。

图 5-12 为 QT16 俯仰变幅动臂下回转快装塔式起重机用的力矩限制器的构造简图。是一种偏心式力矩限制器,这种限制器装设于塔帽处,能较真实地反映动臂幅度变化,由钢丝绳滑轮、偏心轴、杠杆、螺杆、弹簧和限位开关等组成。偏心轴及滑轮均装有球轴承,摩擦阻力很小。起升钢丝绳绕过滑轮所形成的合力作用,通过滑轮而作用于偏心轴上。当臂架处于某一幅度,吊载超过额定起重量时,由于合力的作用,使得整个滑轮系统偏心轴转动,带动杠杆压迫限位开关而切断电源。这种力矩限制器在塔式起重机转场重新安装投入使用以前,要进行检查校核,可通过调节螺母进行调整。

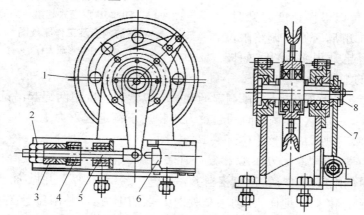

图 5-12 QT16 塔式起重机用力矩限制器构造简图

1. 钢丝绳滑轮 2. 调节螺母 3. 滑轮支座 4. 弹簧 5. 螺杆
6. 限位开关 7. 杠杆 8. 偏心轴

2. 水平臂架变幅小车塔式起重机起重力矩限制器

水平臂架变幅小车自升式塔式起重机的力矩限制器,大多装设于塔帽结构主弦杆处,是一种近年应用较为普遍的机械式力矩限制器。由调节螺母、螺钉、限位开关及变形作用放大杆等组成,如图 5-13 所示。这种力矩限制器的工作原理如下:塔式起重机负载时,塔帽结构主弦杆便会因负载而产生变形。当荷载超过额定值时,主弦杆就产生显著变形,该变形通过放大杆的作用使螺钉压迫限位开关,从而切断起升机构的电源。

F0/23B 塔式起重机的力矩限制器共装有四个限位开关:"起升"断电力矩限制器,用以切断起升机构的电源;"红色警灯"显示力矩限制器;"小车向外"力矩限制器和"减速小车向外"力矩限制器。用以断开小车行走机构的电源,防止由于幅度增大而造成的超载事故。

F0/23B 塔式起重机力矩限制器的调试方式如图 5-14 所示。

(1)"起升"断电力矩限制器的调试 以给定幅度起吊荷载，当吊载过大而超过额定起重力矩时，吊载应不能升起。调试时，可使小车驶至臂头，先用两绳以标准速度起升额定荷载 X，吊钩应能升起并正常工作，如图 5-14(b)中的①所示。然后，落下额定荷载，增大吊重，使试验荷载为 $Y = X + 10\% X = 1.1X$，两绳再以最慢速度起升时，电源应立即切断，否则应调整限位开关 A，使起升电源断开，如图 5-14(b)中的②所示。

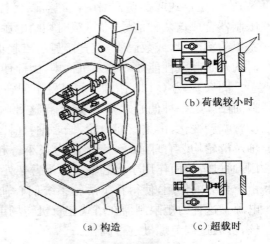

（b）荷载较小时

（a）构造   （c）超载时

图 5-13   F0/23B 型塔式起重机力矩限制器的构造及工作原理图

1. 主弦杆变形放大杆

(2)"红色警灯"显示力矩限制器的调试 以常规速度用两绳起吊试验荷载 $Z = X - 10\% X = 0.9X$，即调试时的起重力矩相当于额定起重力矩的 90%，红色警灯应亮起来。否则，应调整限位开关 B。如图 5-14(b)的②所示。

(3)"小车向外"断电力矩限制器的调试 调试前，先在地面上标出对应最大额定起重量的幅度 L，然后，量出相当 $L' = L + 10\% L$ 的距离，并做标记。起吊最大额定起重量 W 微离地面，开动小车驶向 L 点的上方，调整限位开关 C，使小车能带载通过 L 点。过点后，小车往后行驶退回臂根，然后以常规速度起吊最大额定荷载，向 L 点驶去并越过 L 点而驶向 L' 点，在小车到达 L' 点以前，电源切断，小车停止。否则，应重新调定限位开关 C，如图5-14(b)的③所示。

(4)"小车减速向外"力矩限制器的调整 在臂架中部选定适当一点 D，并在地面上的对应点做出标记 D。起吊试验荷载 X（额定起重量），使小车以常速由臂中向前驶向 D 点，调整限位开关 D，在小车到达 D 点时，小车牵引机构的电源立即断开。如图 5-14(b)的④所示。

(5)限位开关调整 如图 5-14 所示，调整限位开关 A、C 及 D 时，应精心操作。夹住调节螺母 1，旋动螺钉 2，使之与限位开关触头压键 3 相接，注意勿使正常运行中断。调整红色警灯限位开关 B 时，夹住螺母 1，旋动螺钉 2，使之与限位开关触头压键 3 相接，驾驶员室内红色警灯应立即点亮。

所有安全装置调整完毕后，严禁擅自触动，并应加封（如火漆加封），避免由于违反禁令擅自调节而造成灾难性后果。

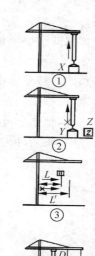
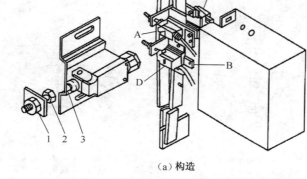

(a) 构造　　　　　　　(b) 调试方法

图 5-14　F0/23B 塔式起重机力矩限制器的构造及调试方法
1. 调节螺母　2. 螺钉　3. 触头压键
A、C、D—力矩限制器位开关　B—红色警灯显示限位开关

二、起重量限制器

起重量限制器是用来限制起重钢丝绳单根拉力的一种安全保护装置。根据构造不同可装在起重臂根部、头部、塔顶以及浮动的起重卷扬机机架附近等多个位置。

如图 5-15 所示为安装在 QT25 A 型整体拖运式起重机塔身顶部的起重量限制器。起重钢丝绳 1 绕过起重量限制器的滑轮 2,并通过杠杆 3 的作用压缩弹簧 4。当起重钢丝绳的荷载达到所允许的极限值时,杠杆的右端便克服弹簧的张力而上移,进而压缩行程开关 5 的触头,使得起升机构电源被切断。

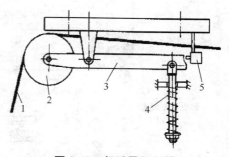

图 5-15　起重量限制器
1. 起重钢丝绳　2. 滑轮　3. 杠杆
4. 弹簧　5. 行程开关

如图 5-15 所示,调整该起重量限制器,使试验荷载为额定起重量的 105%,起升试验吊载离地 300～500mm,调整弹簧,直至限位开关切断电源为止。如要进一步准确限定超载量(限制不超过一个很小的数额),可通过微微转动调节螺母

进行精调。

　　水平臂架变幅小车自升式塔式起重机起重量限制器为测力环式起重量限制器。其特点是体积紧凑、性能良好和便于调整,如图 5-16 所示为这种起重量限制器构造示意图。整个装置由导向滑轮、测力环及限位开关等组成。测力环一端固定在支座上,另一端固定在滑轮轴上。滑轮受到钢丝绳合力作用时,合力通过轮轴传给测力环,根据起升荷载的大小,滑轮传来的力的大小也不同。当荷载超过额定起重量时,测力环外壳便产生变形。

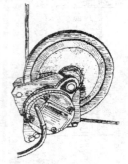  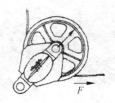

　(a)外形示意图　　　(b)无载或负荷小时测力　　(c)负荷大或超载时测力环壳体显著变形,测
　　　　　　　　　　　　　 环壳体变形甚微　　　　　　 力环内金属片延伸压迫触头切断电源

图 5-16　水平臂架变幅小车自升式塔式起重机起重量限制器

　　如图 5-16(c)所示,测力环内的金属片与测力环壳体固定连接,并随壳体受力变形而延伸。此时,金属片起着凸轮作用,压迫触头切断起升机构的电源。

　　QTZ63 水平臂架变幅小车自升式塔式起重机起重量限制器调试方式如图5-17所示。

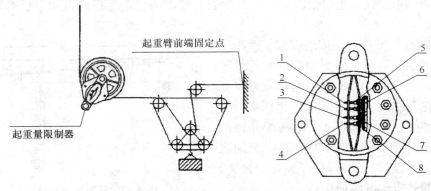

图 5-17　QTZ63 水平臂架变幅小车自升式塔式起重机
拉力环式起重量限制器调试示意图
1、2、3、4. 螺钉调整装置　5、6、7、8. 微动开关

　　(1)检查微动开关　当起重吊钩为空载时,用小螺丝刀,分别压下微动开关

5、6、7,确认各档微动开关是否灵敏可靠。

①微动开关 5 为高速档重量限制开关,压下该开关,高速档上升与下降的工作电源均被切断,且联动台上指示灯闪亮显示。

②微动开关 6 为 90％最大额定起重量限制开关,压下该开关,联动台上蜂鸣报警。

③微动开关 7 为最大额定起重量限制开关,压下该开关,低速档上升的工作电源被切断,起重吊钩只可以低速下降,且联动台上指示灯闪亮显示。

(2)调整高速档重量限制开关 工作幅度小于 13m(即最大额定起重量所允许的幅度范围内),起重量 1500kg(倍率 2)或 3000kg(倍率 4),起吊重物离地 0.5m,调整螺钉 1 至使微动开关 5 瞬时换接,拧紧螺钉 1 上的紧固螺母。

(3)调整 90％最大额定起重量限制开关 工作幅度小于 13m,起重量2700kg(倍率 2)或 5400kg(倍率 4),起吊重物离地 0.5m,调整螺钉 2 至使微动开关 6 瞬时换接,拧紧螺钉 2 上的紧固螺母。

(4)调整最大额定起重量限制开关 工作幅度小于 13m,起重量3000kg(倍率 2)或 6000kg(倍率 4),起吊重物离地 0.5m,调整螺钉 3 至使微动开关 7 瞬时换接,拧紧螺钉 3 上的紧固螺母。

各档重量限制调定后,均应试吊 2~3 次检验或修正,各档允许重量限制偏差为额定起重量的±5％。

第三节 止挡连锁装置和报警及显示记录装置

一、止挡连锁装置

塔式起重机的止挡连锁装置包括小车断绳保护装置、小车防坠落装置、钢丝绳防脱装置、顶升防脱装置和抗风防滑装置(轨道止挡装置)等。

小车断绳保护装置用于防止变幅小车牵引绳断裂导致小车失控(见本书第65 页图 2-23 及相关内容)。

小车防坠落装置用于防止因变幅小车车轮失效而导致小车脱离臂架坠落,为防止牵引小车的牵引绳拉断,在水平起重臂的两端除设置限位开关的撞块外,还应设置缓冲装置。

钢丝绳防脱装置用来防止滑轮、起升卷筒及动臂变幅卷筒等钢丝绳脱离滑轮或卷筒。此外还应设置钢丝绳防扭装置,由于钢丝绳是通过多股钢丝编织而成,部分钢丝绳自身存在扭转力,因此,在起重机吊重过程中,易发生重物旋转,从而导致起重物跌落的伤人事故,同时扭转也造成钢丝绳加速磨损。一般塔式起重机在起重臂的端部安装钢丝绳防扭器,其结构如图5-18 所示。

顶升防脱装置用于防止自升式塔式起重机在正常加节、降节作业时,顶升装

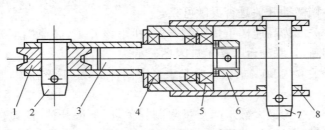

图 5-18　钢丝绳防扭器结构图
1. 滑轮　2、7. 销轴　3. 旋转轴　4、5. 轴承　6. 螺母　8. 垫圈

置从塔身支承中或油缸端头的连接结构中自行脱出。由于顶升系统油缸活塞杆顶端选用的球形铰链,所以一定要设置防止顶升横梁外翻的装置。因为外翻导致顶升横梁承受很大侧向弯矩,从而使顶升横梁变形过大而脱出爬爪槽,引发倒塔事故。

抗风防滑装置是夹轨器和锚固装置的统称。在地面轨道上行驶露天工作的起重机,应当设置夹轨器和锚固装置,防止在最大风力袭击时起重机发生事故。

夹轨器有手动式和电动式两类。手动式夹轨器主要有手动螺杆式夹轨器,电动式主要有弹簧式和螺杆自锁式电动夹轨器。夹轨钳安装于行走底架(或台车)的金属结构上,夹口可以钳在轨面两侧或者钳在钢轨的腹板位置,如图 5-19 所示的夹轨钳是夹钳在钢轨的腹板位置。

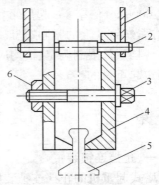

目前许多国家规定风速超过 16m/s(相当于 7 级风)时,露天作业的起重机必须停止工作,并使用夹轨器。为此,夹轨器应与风速计相连锁。对于手动式夹轨器,风速计与起重机各机构连锁,当风速超过 16m/s 时,风速计通

图 5-19　夹轨器
1. 侧架立柱(或行走台车箱臂)　2. 轴
3. 螺栓　4. 夹钳　5. 钢轨　6. 螺母

过电气连锁切断电源使起重机停止工作,操作人员离开起重机,锁紧夹轨器。如果起重机采用的是电动夹轨器,则风速计与电动夹轨器连锁,当风速超过 16m/s 时,风速计带动的发电机电压升高,使继电器工作,发出警报,同时使电动夹轨器动作,然后切断各机构电源。

塔式起重机在轨道上行走,为了防止起重机出轨,在距轨道端部 2～3m 处不但要设置上限位开关的撞块,而且在轨道的两端还应设置缓冲器,如图 5-20 所示。

二、报警及显示记录装置

塔式起重机的报警及显示装置包括报警装置、显示记录装置和风速仪等。报

警装置用于塔式起重机荷载达到规定值时,向塔式起重机驾驶员自动发出声光报警信息。显示记录装置用图形或字符方式向驾驶员显示塔式起重机当前主要工作参数和额定能力参数。显示的工作参数一般包含当前工作幅度、起重量和起重力矩。额定能力参数一般包含幅度及对应的额定起重量和额定起重力矩。

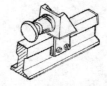

图 5-20　终端橡胶缓冲器

　　风速仪是极其重要的安全预警装置,特别是自升式塔式起重机必须装备风速仪。风速仪用以发出风速警报,提醒塔式起重机驾驶员及时采取防范措施。

第四节　电子安全系统和计算机辅助
驾驶安全系统

一、电子安全系统

　　塔式起重机采用的电子安全装置主要包括电子力矩限制器、电子作业区限制器和电子防互撞系统。

　　1. 电子力矩限制器

　　电子力矩限制器通过传感器采集有关吊载作业幅度、小车行程、吊钩起升高度以及起重力矩等数据,输入中央微处理器进行分析处理,然后一一表现在显示器屏幕上,并连续不断地同塔式起重机荷载表中规定的数据进行对比。当现场采得的数据处理结果超越荷载表中规定的数值时,显示器屏幕上立即出现"超载"提示,并切断塔式起重机电源,使塔式起重机停止工作。电子力矩限制器可简化力矩限制器的调试作业。如图 5-21 所示为德国 LIEBHERR 塔式起重机电子力矩限制器工作原理及显示器。

　　2. 电子作业区域限制器

　　电子作业区域限制器可制定出一些作业禁区,如马路、铁道、高压线以及其他建筑物上空等,负载吊钩不得进入作业禁区。当塔式起重机起重臂接近这些作业禁区时,塔式起重机的回转机构便自动断电停止转动,驾驶室内的显示器向驾驶员展示有关作业禁区数据,为驾驶员提供安全操作依据。

　　3. 电子防互撞系统

　　如两台或多台塔式起重机同时在某一建筑工地施工,其作业范围常常局部互相重叠。为保证作业安全,这些塔式起重机应装备电子防互撞系统。

　　这种电子防互撞系统以电子作业区域限制器为基础,加上多台塔式起重机小车及回转机构动作数据信息处理系统组成。

　　塔式起重机群防互撞及区域保护系统则是施工现场管理部门装设的塔式起重机群安全系统,能实现在同一建筑综合体施工的多台塔式起重机进行实时监

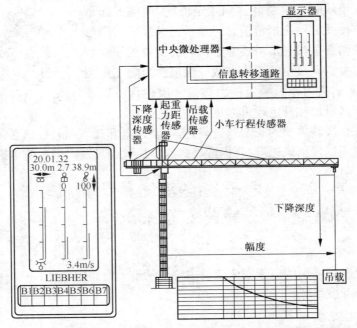

图 5-21　LIEBHERR 塔式起重机专用电子力矩限制器工作原理及显示器

控,防止各塔式起重机互撞,为各塔式起重机限定作业区范围,对各塔式起重机安全作业区进行保护。

　　塔式起重机群防互撞和区域保护系统采用计算机数字控制方式。中央计算机设监控界面,以动态图形直观地显示所有塔式起重机的方位及运行状况,在监控界面中以色块形式直观地显示塔式起重机作业保护区和固定障碍物。如工地上某台塔式起重机因故障停机进行修理或进行顶升接高时,只需系统人员在中央计算机上将此台塔式起重机做出标记或修改此塔式起重机的高度参数即可,无需系统人员登机进行其他处理。

二、计算机辅助驾驶安全系统

　　从 2002 年起,部分国产的 63t·m、80t·m 及 160t·m 级塔式起重机的驾驶控制系统也开始采用微电子技术。该系统兼有对故障进行监控、对部件信息进行处理以及督促驾驶员正确操作、保证塔式起重机安全运行等功能。该系统对达到最大额定起重量的 90% 和超过最大额定起重量进行报警并加以制止,对达到最大起重力矩的 90% 和超过最大起重力矩进行报警并加以制止,并具有语音提示报警系统,使塔式起重机驾驶员集中精力,遵守操作规程,谨慎操作,得到报警,迅速采取措施,消除故障,保证安全运行。

第六章 塔式起重机的安装和拆卸

第一节 塔式起重机的轨道基础和钢筋混凝土基础

一、塔式起重机的轨道基础

塔式起重机的轨道基础根据使用期限，可分为永久性和临时性两类。铺设在建筑工地上的轨道基础，因使用期限较短，拆卸后可运送至另一工地，属于临时性轨道基础。轨道基础分上、下两层结构，上层结构包括碴石层、轨枕、钢轨及附件，下层为土路基及排水设施。

在建筑安装工程中选定有轨行走式塔式起重机后，要按所选塔式起重机的型号及配用轨道的要求，进行路基和轨道的铺设。路基和轨道铺设的技术要求如下：

1. 路基

(1) 铺设路基前的工作 应进行测量、平整、压实等。地基土壤的密度见表6-1。路基范围内，若有坟坑、渗水井、松散的回填土和垃圾等，必须清理干净，并用灰土分层夯实。

表 6-1 轨道基础路基土壤密度

土壤类别	土壤密度要求，≥/kg/m³	
	4轮大车行车机构(压实系数0.85)	8轮大车行走机构(压实系数0.9)
细沙、粉沙	1540	1640
粗砂质黏土	1540	1640
沙壤土	1660	1760
黏土	1500	1600

(2) 路基碴石层铺设厚度 路基碴石层铺设厚度见表6-2，不准直接铺设在冻土层上。铺筑路基的碴石粒径一般为50～80mm，碴石层应保持厚度均匀。在铺筑路基前，应在已夯实的地基上摊铺一层厚为50～100mm的黄沙，并进行压实。

(3) 路基两侧 路基两侧应设置挡土墙，一侧必须设置排水沟。

(4) 路基空间 在铺设路基时，应避开高压线路。如在塔式起重机工作范围内有照明线和其他障碍物,必须事先拆除。如有特殊情况,应采取防护措施。

(5)枕木的铺设 使用短枕木时一般应每隔两根短枕木铺设一根长枕木(即通枕)。如果均为短枕木时,为保证轨距不变,每隔 6～10m 加一根拉条,拉条可用 12 号槽钢,如图 6-1 所示。枕木间距见表 6-3。

表 6-2 碴石层厚度

塔式起重机轮压 /kN	碴石层厚度/mm		塔式起重机轮压 /kN	碴石层厚度/mm	
	用沙及矿碴铺筑	用碎石及卵石铺筑		用沙及矿碴铺筑	用碎石及卵石铺筑
100 以下	150	120	180～270	250～300	200～250
100～180	200	150	270 以上	由专门设计决定	由专门设计决定

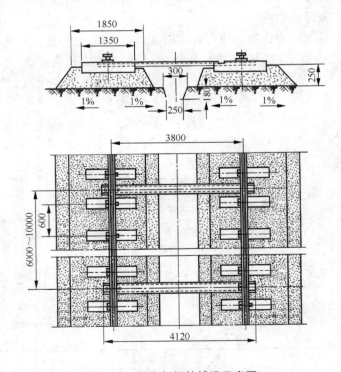

图 6-1 枕木与钢轨铺设示意图

2. 钢轨的铺设

钢轨的铺设应符合以下技术要求:

(1)选定钢轨 塔式起重机所使用的钢轨规格有:50kg/m、43kg/m 和 38kg/m,具体选用应根据塔式起重机技术说明书的要求来确定,见表 6-3。

表 6-3　钢轨型号、轨枕间距与轮压的关系

塔式起重机轮压 /kN	短木轨枕的规格/mm			钢轨型号 /(kg/m)	备注
	断面尺寸	长度	间距		
150 以下	145×245	1350	600	38	
150～200	145×245	1350	550	43	木轨枕长度 =900mm
200～230	145×245	1350	550	50	
230～280	1 45×245	1350	500	50	

（2）水平误差　两轨顶面应处于同一水平面,误差不得超过±3mm。

（3）平行误差和直线误差　两轨间的距离应该处处相等,轨距误差不得超过轨距的 1‰或±6mm。为了保持轨距符合标准,铺设钢轨时应采用专门制作的样板进行校验,至少每隔 6m 定点测量。对于采用井字式底架塔式起重机,10m 长轨道的直线误差小于 20mm;对于采用水母底架的塔式起重机,10m 长轨道直线误差小于 25mm。

（4）坡度误差　在轨道的全长线上,纵向坡度误差不得超过整个轨道长度的 1‰。

（5）接缝误差　钢轨的接头间隙一般控制在 4～6mm,钢轨对接处的鱼尾板必须双面配套使用,不得有缺。紧固连接螺栓时,不得使用接长的扳手。接头下方不得悬空,必须枕在枕木上,接头处两轨顶面高度误差不得大于 2mm。

（6）端部处理　在距轨道两端不超过 0.5～1m 处,必须安装缓冲止挡装置或有缓冲作用的挡块或枕木,以防溜塔。

（7）道钉处理　钉道钉前,必须将钢轨调直,并进行测量。排钉时,应先每隔一根枕木钉一组道钉,道钉压舌必须压住钢轨的翼板,先钉端头,然后再钉其余道钉。在钉第二根钢轨时,要先找准轨距尺寸,再按第一根钢轨的钉法固定。

（8）弯道半径　轨道基础的弯道半径与轨距大小有关。轨距为 3.8m,弯道半径取为 6m;轨距为 4.5m,弯道半径取为 9m;轨距为 5m,弯道半径取为 10m;轨距为 6m,弯道半径取为 12m;轨距为 8m,弯道半径取为 16m。采用水母底架的塔式起重机,其弯道半径可适当减小。

（9）接地保护　塔式起重机的轨道必须有良好的接地保护装置,沿轨道每隔 20m 应做一组接地装置。轨道的接地电阻应小于 4Ω。

二、塔式起重机的钢筋混凝土基础

高层建筑施工用的附着式塔式起重机,大多采用小车变幅的水平臂架,幅度可达 50m 以上,无需移动机械,其作业即可覆盖整个施工范围,因此多采用钢筋混凝土基础。

1. 塔式起重机钢筋混凝土基础的形式

钢筋混凝土基础有多种形式可供选用。对于有底架的固定自升式塔式起重机,可视工程地质条件、周围环境以及施工现场情况选用X形整体基础、条形、分块式基础或者是独立式整体基础。对无底架的自升式塔式起重机则采用整体式方块基础。

(1)X形整体基础　如图6-2所示,X形整体基础的形状及平面尺寸大致与塔式起重机X形底架相似,塔式起重机的X形底架通过预埋地脚螺栓固定在混凝土基础上。此种形式多用于轻型自升式塔式起重机。

(2)长条形基础　如图6-3所示,长条形基础由两条或四条并列平行的钢筋混凝土底梁组成,分别支承底架的四个支座,承受由底架支座传来的上部荷载。当塔式起重机安装在混凝土砌块的人行道上或者是原有混凝土地面上时,均可采用此种形式的钢筋混凝土基础。

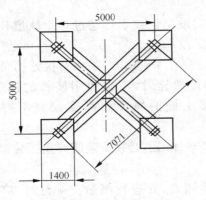

图6-2　X形整体混凝土基础

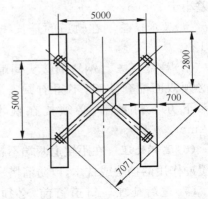

图6-3　长条形混凝土基础

(3)分块式基础　如图6-4所示,分块式基础由四个独立的钢筋混凝土块体组成,分别承受由底架结构传来的上部荷载,块体的构造尺寸视塔式起重机的最大支反力及地基承载能力而定。由于基础仅承受底架传递的垂直力,故可作为中心负荷独立柱基础处理,其优点是:构造比较简单,混凝土及钢筋用量都较少,造价便宜。

(4)独立式整体基础　如图6-5所示,独立式整体钢筋混凝土基础适用于无底架固定式自升式塔式起重机。其构造特点是:塔式起重机的塔身结构通过塔身基础节、预埋塔身框架或预埋塔身主角钢等固定在钢筋混凝土基础上,从而使塔身结构与混凝土基础连成一体,并将起重机上部荷载全部传递于地基。由于整体钢筋混凝土基础的构造尺寸是考虑塔式起重机的最大支反力、地基承载力以及压重的需求而选定的,因而能确保塔式起重机在最不利工况下均可安全工作,不会发生倾翻事故。

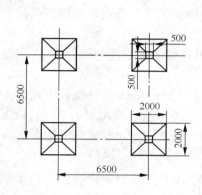

图 6-4 分块式混凝土基础

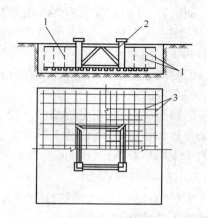

图 6-5 独立式整体钢筋混凝土基础

1. 架设钢筋 2. 预埋标准节 3. 钢筋

2. 对钢筋混凝土基础的要求

基础的混凝土标号不得低于 C35;混凝土强度达到 90% 以上后,方可进行起重机的安装;混凝土以下的基础处理,应保证地面许用比压(或称地耐力)不得小于 180kPa。

对于自升式塔式起重机,由于起重量、起升高度、工作幅度等的不同,对其基础要求也不同,应以塔式起重机技术说明书中的基础施工图和要求为依据。

第二节 塔式起重机的安装

一、塔式起重机安装、拆卸作业的技术要求

1. 基本要求

①从事塔式起重机安装、拆卸活动的单位应当依法取得建设主管部门颁发的起重设备安装工程专业承包资质和建筑施工企业安全生产许可证,并在其资质许可范围内承揽建筑起重机械安装拆卸工程。

②从事塔式起重机安装与拆卸的操作人员必须经过专业培训,并经建设主管部门考核合格,取得建筑施工特种作业人员操作资格证书。安装、拆卸作业的人员由起重工、安装电工、液压工、钳工及塔式起重机驾驶员等组成。塔式起重机驾驶员必须与之密切配合。

③塔式起重机使用单位和安装单位应当签订安装、拆卸合同,明确双方的安全生产责任。实行施工总承包的,施工总承包单位应当与安装单位签订建筑起重

机械安装工程安全协议书。

④施工组织(总)设计中应当包括塔式起重机布置、基础和安装、拆卸及使用等方面内容,并制定安装拆卸专项方案。

⑤塔式起重机的基础、轨道和附着的构筑物必须满足塔式起重机产品使用说明书的规定。

⑥塔式起重机安装、拆卸应在白天进行,特殊情况需在夜间作业时,现场应具备足够亮度的照明。

⑦雨天、雾天和雷电等恶劣气候,严禁安装和拆卸塔式起重机。塔式起重机安装和拆卸作业时,塔式起重机最大安装高度处的风速不能大于 7.9m/s(相当于地面 4 级风),参照天气预报风力分级时,应注意塔式起重机安装高度的影响。

2. 专项方案编制

安装单位应编制安装拆卸专项方案,专项方案应当由具有中级以上技术职称的技术人员编制。

(1)方案编制的依据

①塔式起重机安装使用说明书。

②国家、行业和地方有关塔式起重机安全使用的法规、法令、标准和规定等。

③安装拆卸现场的实际情况。

(2)方案的内容

①工程概况,塔式起重机的规格型号及主要技术参数。

②安装拆卸现场环境条件及塔式起重机安装位置平面图、立面图和主要安装、拆卸难点。

③详细的安装、附着及拆卸的程序和方法。

④地基、基础、轨道和附着建筑物(构筑物)情况。

⑤主要部件的重量及起吊位置。

⑥安装拆卸所需辅助设备及吊索具、机具。

⑦安全技术措施,应急预案。

⑧必要的计算资料。

⑨作业人员组织和职责。

(3)安装和拆卸方案

安装和拆卸方案由安装拆卸单位技术负责人和工程监理单位总监理工程师审批。

3. 技术交底

安装前,先要由主管部门向安装单位负责技术人员进行技术交底,再由安装单位负责技术人员向安装、拆卸作业人员进行安全技术交底。交底人、塔式起重机安装负责技术人和作业人应签字确认。安装技术交底应包括以下内容:

（1）塔式起重机的性能参数

（2）安装、附着及拆卸的程序和方法

①塔式起重机的安装与拆卸应严格按照说明书所规定的顺序和要求进行。

②上回转式塔式起重机，一定要先装平衡臂，再装起重臂，最后装平衡重。拆卸时一定要先拆平衡重，再拆起重臂，最后拆平衡臂。否则，就有倒塔的危险。

（3）部件的连接形式、连接件尺寸及连接要求

①塔式起重机各部件之间的连接销轴、螺栓、轴端卡板和开口销等，必须使用塔式起重机生产厂家提供的专用件，不得随意代用。

②安装塔式起重机时，各销轴必须涂抹润滑脂。装好后，开口销必须张开到规定的程度，轴端卡板必须固紧，连接螺栓必须拧紧。

③安装负责人一定要注意检查臂架销轴的开口销，是否严格按要求操作到位，轴端卡板的螺栓是否拧好、拧紧。

（4）拆装部件的重量、重心和吊点位置

（5）使用的设备和机具的性能及操作要求

（6）作业中安全操作措施

①作业人员必须戴安全帽、配安全带和穿工作鞋。

②高空作业人员，摆放小件物品和工具要注意，不可随手乱放，不可向下随意抛掷物品。一定要抛掷物品时，要预先通知有关人员，做好防范措施，并向没有人的地方抛掷。

③高空作业应走塔身内的爬梯，不能从标准节外面攀爬。一定要到标准节外工作时，必须扣上安全带。

4. 现场勘察

在塔式起重机进场之前，负责组织塔式起重机安装的技术人员应会同安装队（组长）检查施工现场的准备情况并了解安装塔式起重机的基本情况：

①了解塔式起重机部件重量，安装尺寸。

②现场应有便于平板拖车进入现场和掉头的交通道。

③塔式起重机的轨道基础或独立式混凝土基础的构筑应符合有关规定。

④现场平整，无障碍物、无架空高压线；电源已准备就绪；起重工具齐全并符合要求。

⑤检查基础位置、尺寸、隐蔽工程验收记录和混凝土强度报告等相关资料。

⑥确认所安装塔式起重机的安装设备及辅助设备的基础、地基承载力、预埋件等是否符合安装拆卸方案的要求。

⑦检查基础排水措施。

⑧划定作业区域，落实安全措施，设置警示标志。

二、自升式塔式起重机的安装

目前国内外高层建筑施工中大部分均采用自升式塔式起重机,其原因是这种起重机具有下列优点:能随建筑物升高而升高,对高层建筑物适应性强;在基础施工阶段即可在现场安装使用,有利于提高机械的利用率,缩短工期;不占用或少量占用施工场地,特别适合于大城市改建时,施工现场狭窄的"插入式"建筑工程;操纵室直接布置在塔顶下面,驾驶员视野好;采用自行升高的方法,可避免很大的安装应力,因而结构简洁,安装和拆卸方便。

自升式塔式起重机的架设顺序由下而上,依次进行。有些部件可直接安装就位,有些部件则需经过组拼后才能安装。

1. 安装底架

起重机在安装之前,首先要将十字底梁或底座基础节固定在混凝土基础上,底座基础节有四个支座与混凝土基础连接,支座的四个接触面有四根与混凝土基础锚固的地脚螺栓连接。底座基础节安装后,其倾斜度应控制在 1/1000 以内,如果发现超过,应在底梁下加垫板来调整斜度,直到符合要求为止。底座节的支座底平面与混凝土的接触面不得小于 95%,地脚螺栓紧固时的力矩应达到设计要求。

底座基础节的安装可与基础混凝土浇灌同时进行,也可分两次并行浇灌完成。用经纬仪或吊线法检查底架基础节的垂直度,主弦杆四个侧面的垂直度误差应不大于 1/1000。

2. 吊装顶升套架

如图 6-6 所示,先在地面组装好除工作平台以外的顶升套架的组件,然后吊起足够高,使其下面从底节顶端套入,慢慢放下。套入时应注意顶升套架的方位,应保证套架上的顶升油缸与塔身上的顶升支板位于同一侧,并检查、调整各滑块或滚轮与塔身主弦杆表面的间隙,要求任何方向同一层相对的两滑块或滚轮与塔身主弦杆表面的间隙之和不大于 8mm。

安装顶升套架四周的工作平台,然后将泵站吊装到靠后侧的平台的一角,接好泵站与油缸的油管,开动泵站,检查液压系统的运行情况。

3. 吊装回转总成

吊装回转总成步骤如下:

(1)地面组装　先在地面将回转下支座、回转支承、回转上支座和回转机构等组装好。在安装回转机构时,回转机构下面的法兰盘以及与之接触的上回转支座的法兰圈,其表面必须清洁无油污,然后用高强螺栓拧紧,保证小齿轮与回转支承外齿圈的良好啮合,啮合间隙以 0.2~0.3mm 为宜。齿轮部分涂上黄油,保证以后有良好的润滑条件。

(2)吊装回转总成　吊起回转部分的组合体,搁置到底节顶部,并用高强螺栓连接好,每根螺栓必须有两个螺母。搁置时要注意其方位,操纵室的前方应对准顶升套架的引入门方向,如图 6-7 所示。

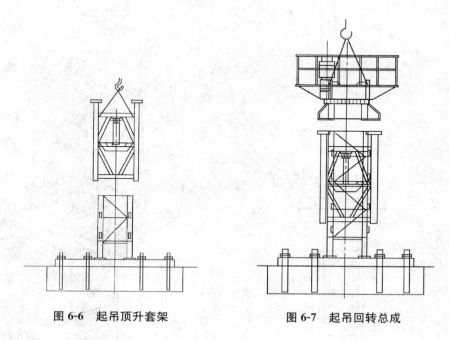

图 6-6　起吊顶升套架　　　　　　　　图 6-7　起吊回转总成

4. 吊装塔帽和驾驶室

在地面组装好塔顶部分的全部构件,然后吊到回转塔身的顶部,用高强螺栓将塔顶与回转塔身紧固好,每根螺栓必须有两个螺母。安装时注意其方位,塔顶的前方,也就是有起重臂拉杆支耳的一方,应与操纵室的前方一致,如图 6-8 所示。

驾驶室吊装如图 6-9 所示。

5. 吊装平衡臂总成

(1)地面组装　在地面将平衡臂组装好,装上平衡臂两侧的走台、护栏、起升机构和电气控制柜等。

(2)与拉杆连接　将平衡臂拉杆连接好,并装到平衡臂相应的连接耳板上,穿好销轴,插上开口销并张开一定角度,然后顺平衡臂两侧水平放置,并临时用细绳或铁丝扎在平衡臂[如图 6-10(a)所示]。

(3)与回转塔连接　水平吊起平衡臂,使臂根两只连接耳板,插入到回转塔身左右两只连接耳板内,装上销轴,穿好开口销并张开,如图 6-10(b)所示。

(4)拉杆与塔顶平衡臂连接　稍稍再提升平衡臂,使其尾部上翘,拉紧平衡臂拉杆,与塔顶上的平衡臂安装耳板对正,装入连接销轴,穿好开口销并张开。

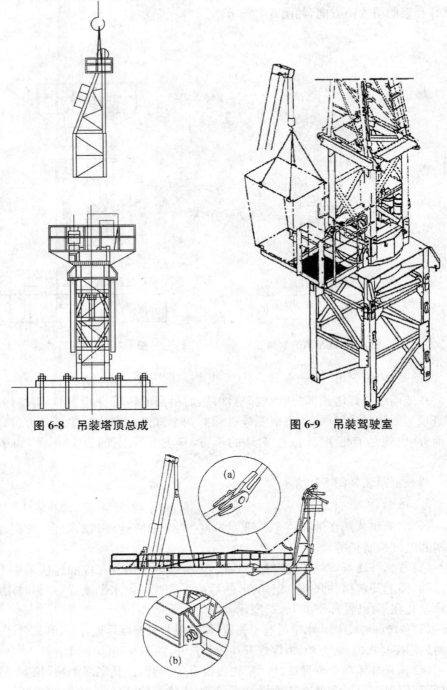

图 6-8   吊装塔顶总成   图 6-9   吊装驾驶室

图 6-10   安装平衡臂及组件

（5）撤掉起吊钢索　慢慢放下平衡臂,让拉杆逐渐受力而拉直,直到起吊钢索完全松弛,才能取下吊索。再按塔式起重机设计要求加装配重块。

6.吊装起重臂

（1）地面组装并检查小车运行　先在地面将起重臂各臂节组装好。组装时,注意要先将牵引小车套在起重臂下弦导轨上。臂架组装好以后,用支架将起重臂两头支起,将牵引小车从臂根推到臂端,检查小车沿起重臂下弦导轨运行是否有阻碍或碰撞声。如发现有阻碍,先作处理再进行下一步。

（2）穿好牵引钢丝绳　将牵引机构安装在起重臂第一节臂节内的安装位置处,并按要求穿绕好牵引钢丝绳。牵引绳的张紧,尽量在地面调好。

（3）在地面组装好起重臂拉杆　对于双吊点起重臂,长、短分拉杆端部的双拉板分别与起重臂对应的吊点用销轴连接好,把组装好的拉杆整齐地搁置在起重臂上弦导轨的固定卡板槽内,在端部用细绳或铁丝临时捆扎好,不让其掉下来。

（4）水平吊起重臂并与回转塔身连接　在起吊时要注意吊钩大体落在起重臂的重心上。如图 6-11 所示,一般来说在说明书里起重臂重心有参考位置,如没有,重心大体在从根部起算 0.45 倍臂长处,经过试吊后再找准确。待起重臂升高到回转塔身上部的支耳处,将起重臂接头插入回转塔身耳板内,装好销轴,穿上开口销并张开。

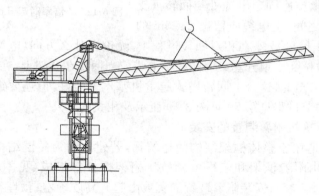

图 6-11　吊装起重臂

（5）与塔帽拉杆连接　稍稍再提升起重臂,使其端部上翘约 3°左右。接通起升机构的电源,用起升机构的钢丝绳通过塔帽滑轮,将起重臂拉杆拉向塔帽处,再将起重臂拉杆与塔帽拉杆用销轴连接好,穿上开口销并张开。

（6）检查连接销并撤去起吊钢索　检查起重臂拉杆各连接销准确无误后,慢慢放松起吊钢索,起重臂拉杆逐渐受力张紧,起重臂逐步减小上翘而接近水平,最好留 1°～1.5°的上翘角。待起吊钢索完全放松后,再卸去。

7. 吊装平衡重

平衡臂的末端留有平衡重的安装位置。对于大的塔式起重机,由于臂架自重前倾力矩很大,应当先加一两块平衡重后再装起重臂。对于一般中小型起重机,臂架自重力矩不很大,无需先加平衡重。

将平衡重吊起时,注意大头朝上。逐块从平衡臂尾部的上方插入平衡重的安装位置,使大头的肩部搁在平衡臂的主弦杆上,依次排好并靠紧。用钢丝绳把所有平衡重连成一整体,以免随意摆动。

8. 穿绕起升钢丝绳

使起升钢丝绳从塔顶滑轮下来,穿过起重量限制器的滑轮,进入牵引小车的外侧滑轮,引入吊钩滑轮,再上来引入小车的内侧滑轮,最后将绳头固定在起重臂的臂端。如图 6-12 所示为 2 倍率起升钢丝绳穿绕方式。

9. 连接电源电缆

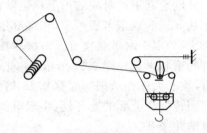

图 6-12　2 倍率时起升钢丝绳穿绕图

将主电缆一头接在铁壳开关上,另一头从底架内引出,沿顶升套架的外侧上升,到回转下支座的下面,从下支座与塔身标准节顶面之间的空隙穿入回转支承内,再穿过回转上支座进入操纵室,与操纵室的电源插座连接。注意回转上支座固定电缆处与回转下支座固定电缆处之间,主电缆应留出 2～3m 的松弛长度,使得上、下支座在相对回转过程中,无论在什么方向,电缆不至于被拉紧,更不至于被拉断。顶升套架内侧的主电缆应当捆扎在套架上,在顶升时,电缆自然跟着提升。至此,这台上回转塔式起重机基本安装好,但还要继续进行顶升加节。(顶升加节过程见第 79 页图 3-10 所示及相关内容)。

三、塔式起重机附着装置的安装

附着装置适用于整体框架结构的建筑物,若建筑物为砖混结构则应特殊设计。附着装置由附着框架和三根可调拉压桁架撑杆等组成(见本书第 59 页图 2-17 所示及相关内容);安装附着装置的套数由起升高度确定;预埋在墙内的附着装置支座应在墙体结构浇注时预埋好。安装好附着装置后,塔式起重机的自由起升高度不得低于 15m,且不得高于 18m。在实际安装附着装置的施工中,可在两道附着装置的标准距离之间增加一道附着装置,作临时替换用。

三根撑杆应布置在同一水平面内,撑杆与建筑物的连接方式可根据实际情况而定。如图 6-13 所示为 QTZ63 塔式起重机附墙撑杆的安装状态,图 6-13(a)为理想的安装状态;图 6-13(b)中的各道附墙撑杆向同一方向倾斜的状态,在安装中是绝对不允许的;图 6-13(c)中所示的是各道附墙撑杆交错倾斜,这样的安装状态是允许的。

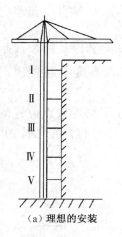
（a）理想的安装

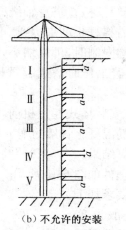
（b）不允许的安装

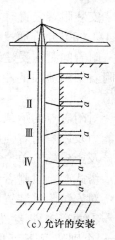
（c）允许的安装

图 6-13 附墙撑杆安装状态示意图

　　附着装置的附着框架又称为锚固环,多用钢板组焊成箱形结构,如图6-14所示是 F0/23B 自升式塔式起重机所采用的锚固环的构造示意图。锚固环根据附着点的布置,装设在塔身结构水平腹杆结点上。装设时,锚固环中心线应尽可能与塔架水平腹杆结点对中,并且必须通过楔块、连接板、紧定螺钉或其他附件将锚固环紧密地与塔架相连接。

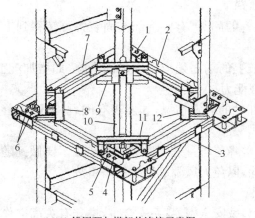
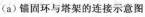

（a）锚固环与塔架的连接示意图

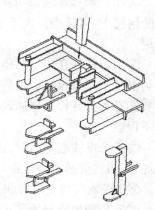

（b）U形卡箍构造示意图

图 6-14 F0/23B 自升式塔式起重机锚固环构造示意图

1、2. 联系梁 3、7. 半环梁 4、5、6. 连接螺栓

8、9、11、12. U形卡箍(组焊件) 10. 斜撑

安装附着装置时,应用经纬仪检查塔身轴线的垂直度,塔身垂直度偏差应小于 4/1 000,允许通过调节附着撑杆长度来达到。

附着间距在受建筑物结构限制时,可以缩小,但要增加附着层数以保证第一道附着架到地面的距离和附着工作时塔式起重机的悬臂段高度不超过规定的数值。

对附着点的承载能力,在安装塔式起重机前,必须对建筑物附着点位置的承载能力及影响附着强度的钢筋混凝土骨架的施工日期等因素进行预先估计,并与设计及土建施工单位核定计算结果。

塔式起重机附着装置预埋件如图 6-15 所示。

对安装附着装置的基本要求如下:

①两道附着装置间距一般为 20～30m,个别情况下可根据实际需要适当加大。

②在安装锚固环和固定附着撑杆时,要用经纬仪观测并注意保持塔身结构的垂直。

③要随着顶升接高的进程布设附着装置,附着装置(最高一道)以上的塔架自由高度一般不得超过 30～35m。

④在塔架总高度很高并设置多道锚固的情况下,可适当放大下部附着装置的间距,有些下部锚固装置可转移到上部使用。

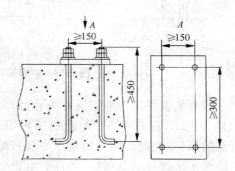

图 6-15　附墙装置预埋件

⑤附着杆件在建筑结构薄弱环节上的锚固处应采取加固措施(如增加配筋、提高混凝土标号等),以增强局部承载能力。

⑥必须经常检查锚固环和附着杆件的固定情况,如发现有问题,未经妥善解决不得继续施工。

⑦拆卸塔式起重机时,应配合拆塔降落塔身进度撤除附着装置。要做到随落随撤,不可在降落塔身之前,预先撤除,以免大风骤起造成倒塔事故。

⑧6 级风时禁止落塔和撤除锚固。

⑨安装和撤除锚固装置时,必须头戴安全帽、身系安全带,遵守有关高空作业安全操作规程。

四、塔式起重机接地保护装置的安装

塔式起重机主要由金属结构件组成,如果电路漏电,对安全生产威胁很大,所以电气系统必须有良好的绝缘、可靠的接地装置。

塔式起重机安装完毕通电前,用绝缘电阻表测试各部分的对地绝缘电阻,电动机、主电路和控制回路的绝缘电阻不得低于 0.5MΩ。对于塔式起重机上所有电气设备的接地、接零保护应符合下列规定：

①架空线路终端，总配电盘及区域配电箱与电源变压器距离超过 50m 以上时，其保护零线（PE 线）应作重复接地，接地电阻值应不大于 10Ω。

②接引至电气设备的工作零线与保护零线必须分开。保护零线严禁装设开关或熔断器。

③保护零线和相线的材质应相同，保护零线最小截面应符合表 6-4 中的规定。

表 6-4　保护零线最小截面 mm²

相线截面	保护零线最小截面
$S \leqslant 16$	S
$16 < S < 35$	16
$S \geqslant 35$	$S/2$

④塔式起重机应在塔顶处安装避雷针，避雷针应用大于 6mm² 的多芯铜线与塔式起重机保护接地线（PE）相连，接地冲击电阻小于 10Ω（用户自备）。

⑤塔式起重机在安装供电前必须将塔式起重机的钢结构进行可靠的保护接地（接地电阻不大于 4Ω），如图 6-16 所示。将塔式起重机附近的保护接地装置，通过 10mm² 的 BVR 导线与机身的第一节标准节上的总电源开关箱处保护接地螺栓相连接（接地电阻小于 4Ω），并有防护措施。对接地线的要求见表 6-4。在爬升套架上部有另一保护接地螺栓，也用 BVR 的 10mm² 导线与驾驶室内小车控制板上接地螺栓可靠连接。

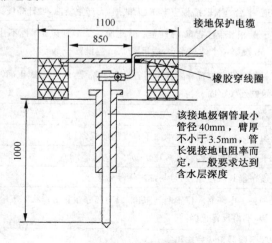

图 6-16　接地装置图

⑥为保证接地电阻小于 4Ω，接地体应置于电阻率较低的潮湿的土壤中。在高电阻的土壤地区，为降低接地电阻率，可在接地装置中放入食盐水。对埋设的钢管接地极，可在钢管上每隔 20～25cm 钻一个 φ5mm 的孔，钻 2～3 排。将接地保护的电缆与第一节标准节上的专用保护接地螺栓连接，并清除螺栓及螺母上的涂料。不允许利用塔式起重机基础内的钢筋作为接地装置。接地装置应由专门人员安装，并应定期检查和测试接地电阻值。

五、塔式起重机安装后的检查和试验

1. 安装检验

塔式起重机安装完毕后，安装单位应当按照安全技术标准及安装使用说明书的有关要求对塔式起重机进行检验、调试和试运转。结构、机构和安全装置检验的主要内容和要求见表 6-5，试验和额定荷载试验等性能试验的主要内容见表6-6。

表 6-5　塔式起重机安装自检记录

安装单位_____

工程名称		工程地址		
设备编号		出厂日期		
塔式起重机型号		生产厂家		
安装高度		安装日期		

序号	检查项目	标准要求		检验结果
1	金属结构	主要结构件无可见裂纹和明显变形		
		主要连接螺栓齐全，规格和预紧力达到说明书要求		
		主要连接销轴符合出厂要求，连接可靠		
		过道、平台、栏杆、踏板应牢靠、无缺损、无严重锈蚀，栏杆高度≥1m		
		梯子踏板牢固，有防滑性能；距地面≥2m 应设护圈，不中断；≤12.5m设第一个休息平台，后每隔 10m 内设置一个		
		附着装置设置位置和附着距离符合方案规定，结构形式正确，附墙与建筑物连接牢固		
		附着杆无明显变形，焊缝无裂纹		
		平衡状态塔身轴线对支承面垂直度误差≤4/1000		
		水平起重臂水平偏斜度≤1/1000		
2	顶升与回转	应设平衡阀或液压锁，且与油缸用硬管连接		
		无中央集电环时应设置回转限位，回转部分在非工作状态下应能自由旋转，不得设置止挡器		
3	吊钩	防脱保险装置应完整可靠		
		钩体无补焊、裂纹，危险截面和钩筋无塑性变形		

续表 6-5

序号	检查项目	标 准 要 求	检验结果
4	起升机构	滑轮防钢丝绳跳槽装置应完整、可靠,与滑轮最外缘的间隙≤钢丝绳直径的 5%	
		力矩限制器灵敏可靠,限制值小于额定荷载 110%,显示误差≤5%	
		起升高度限位动臂变幅式≥0.8m;小车变幅上回转 2 倍率≥1m,4 倍率≥0.7m;小车变幅下回转 2 倍率≥0.8m,4 倍率≥0.4m	
		起重量限制器灵敏可靠,限制值小于额定荷载 110%,显示误差≤5%	
5	变幅机构	小车断绳保护装置双向均应设置	
		小车变幅检修挂蓝连接可靠	
		小车变幅有双向行程限位、终端止挡装置和缓冲装置,行程限位动作后小车距止挡装置≥0.2m	
		动臂变幅有最大和最小幅度限位器,限制范围符合说明书要求;防止臂架反弹后翻的装置实质上固定可靠	
6	运行机构	运行机构应保证起动制动平稳	
		在未装配塔身及压重时,任意一个车轮与轨道的支承点对其他车轮与轨道的支承点组成的平面的偏移不得超过轴距公称值的 1/1000	
7	钢丝绳和传动系统	卷筒无破损,卷筒两侧凸缘的高度超过外层钢丝绳两倍直径,在绳筒上最少余留圈数≥3 圈,钢丝绳排列整齐	
		滑轮无破损、裂纹	
		钢丝绳端部固定符合说明书规定	
		钢丝绳实测直径相对于公称直径减小 7% 或更多时	
		丝绳在规定长度内断丝数达到报废标准的,应报废	
		出现波浪形时,在钢丝绳长度不超过 25d 范围内,若波形幅度值达到 4d/3 或以上,则钢丝绳应报废	
		笼状畸变、绳股挤出或钢丝挤出变形严重的钢丝绳应报废	
		钢丝绳出现严重的扭结、压扁和弯折现象应报废	
		绳径局部增大通常与绳芯畸变有关,绳径局部严重增大应报废;绳径局部减小常常与绳芯的断裂有关,绳径局部严重减小也应报废	
		滑轮及卷筒均应安装钢丝绳防脱装置,装置完整、可靠,与滑轮或卷筒最外缘的间隙≤钢丝绳直径的 20%	
		钢丝绳穿绕正确,润滑良好,无干涉	
		起升、回转、变幅、行走机构都应配备制动器,工作正常	
		传动装置应固定牢固,运行平稳	

续表 6-5

序号	检查项目	标 准 要 求	检验结果
7	钢丝绳和传动系统	传动外露部分应设防护罩	
		电气系统对地的绝缘电阻不小于 0.5MΩ	
		接地电阻应不大于 4Ω	
		塔式起重机应单独设置并有警示标志的开关箱	
		保护零线不得作为载流回路	
		应具备完好电路短路缺相、过流保护	
		电源电缆与电缆无破损、老化,与金属接触处有绝缘材料隔离,移动电缆有电缆卷筒或其他防止磨损措施	
		塔顶高度大于 30m,且高于周围建筑物时应安装红色障碍指示灯,该指示灯的供电不应受停机的影响	
		臂架根部铰点高于 50m 应设风速仪	
8	轨道及基础	行走轨道端部止挡装置与缓冲设置齐全、有效	
		行走限位制停后距止挡装置≥1m	
		防风夹轨器有效	
		清轨板与轨道之间的间隙应不大于 5mm	
		支承在枕木或路基箱上,钢轨接头位置两侧错开≥1.5m,间隙≤4mm,高差≤2mm	
		轨距误差<1/1000且最大应<6mm,相邻两根间距≤6m	
		排水沟等设施畅通,路基无积水	
9	驾驶室	性能标牌齐全、清晰	
		门窗和灭火器、雨刷等附属设施齐全、有效	
10	平衡重和压重	安装准确、牢固可靠	

自检结论:

自检人员: 单位或项目技术负责人:

年　月　日

表 6-6 塔式起重机荷载试验记录表

工程名称		设备编号		
塔式起重机型号		安装高度		
荷载	试验工况	循环次数	检验结果	结论
空载试验	运转情况			
	操纵情况			
额定起重量	最小幅度最大起重量			
	最大幅度额定起重量			
	任一幅度处额定起重量			

试验组长: 电　工:

试验技术负责人: 操作人员:

试验日期:

安装单位自检合格后,再由有相应资质的检验检测机构监督检验合格。监督检验合格后,塔式起重机使用单位应当组织产权(出租)、安装和监理等有关单位进行综合验收,验收合格后方可投入使用,未经验收或者验收不合格的不得使用。实行总承包的,由总承包单位组织产权(出租)、安装、使用和监理等有关单位进行验收。塔式起重机综合验收记录表见表 6-7。

表 6-7 塔式起重机综合验收表

使用单位		塔式起重机型号	
设备所属单位		设备编号	
工程名称		安装日期	
安装单位		安装高度	
检验项目	检 查 内 容		检验结果
技术资料	制造许可证、产品合格证、制造监督检验证明、产权备案证明齐全、有效		
	安装单位的相应资质、安全生产许可证及特种作业岗位证书齐全、有效		
	安装方案、安全交底记录齐全、有效		
	隐蔽工程验收记录和混凝土强度报告齐全、有效		
	塔式起重机安装前零部件的验收记录齐全、有效		
标识与环境	产品铭牌和产权备案标识齐全		
	塔式起重机尾部与建筑物及施工设施之间的距离不小于 0.6m;两台塔式起重机水平与垂直方向距离不小于 2m;与输电线的距离符合 GB 5144—2006《塔式起重机安全操作规程》的规定		
自检情况	自检记录齐全有效		
监督检验情况	监督检验报告有效		

安装单位验收意见:	使用单位验收意见:
技术负责人签章: 日期:	项目技术负责人签章: 日期:
监理单位验收意见:	总承包单位验收意见:
项目总监签章: 日期:	项目技术负责人签章: 日期:

2. 性能试验

(1)空载试验 接通电源后进行塔式起重机的空载试验,其内容和要求如下:

①操作系统、控制系统、连锁装置动作准确、灵活。

②起升高度、回转、幅度和行走限位器的动作可靠、准确。

③塔式起重机在空载状态下,操作起升、回转、变幅和行走等动作,检查各机构中无相对运动部位是否有漏油现象,有相对运动部位的渗漏情况,各机构动作是否平稳,是否有爬行、振颤、冲击、过热和异常噪声等现象。

(2)额定荷载试验

①额定荷载试验主要是检查各机构运转是否正常。

②测量起升、变幅、回转和行走的额定速度是否符合要求。

③测量驾驶员室内的噪声是否超标。

④检验力矩限制器、起重量限制器是否灵敏可靠。

塔式起重机在正常工作时的试验内容和方法见表 6-8。要求每一工况的试验不得少于 3 次,对于各项参数的测量,取其三次测量的平均值。

表 6-8 额定荷载试验的内容和方法

序号	工况	试验范围					试验目的
		起升	变幅		回转	行走	
			动臂变幅	小车变幅			
1	最大幅度相应的额定起重量	在起升全范围内以额定速度进行起升、下降,在每一起升、下降过程中进行不少于 3 次的正常制动	在最大幅度和最小幅度之间,以额定速度俯仰变幅	在最大幅度和最小幅度之间,小车以额定速度进行两个方向的变幅	吊重以额定速度进行左右回转。对不能全回转的起重机,应超过最大回转角	以额定速度往复行走。臂架垂直轨道,吊重离地 500mm,单向行走距离不小于 20m	测量各机构的运行速度,机构及驾驶室噪声,力矩限制器、起重量限制器、重量限制器精度
2	最大额定起重量相应的最大幅度		不试	吊重在最小幅度和对应于该吊重的最大幅度之间,以额定速度进行两个方向的变幅			
3	具有多档变速的起升机构,每档速度允许的额定起重量		不试				测量每档工作速度

注:1. 对于设计规定不能带载变幅的动臂式起重机,可以不按本表规定进行带载变幅试验;

2. 对于可变速的其他机构,应进行试验并测量各档工作速度。

(3)超载10%动载试验 试验荷载取额定起重量的110%,检查塔式起重机各机构运转的灵活性和制动器的可靠性;卸载后,检查机构及结构件有无松动和破坏等异常现象。一般用于塔式起重机的型式检验和出厂检验。超载10%动载试验内容和方法见表6-9。根据设计要求进行组合动作试验,每一工况的试验不得少于3次,每一次的动作停稳后再进行下一次起动。塔式起重机各动作按使用说明书的要求进行操作,必须使速度和加(减)速度限制在塔式起重机限定范围内。

表6-9 超载10%动载试验的试验方法和内容

序号	工况	试验范围					试验目的
		起升	动臂变幅	小车变幅	回转	行走	
1	在最大幅度时吊起相应额定起重量的110%	在起升高度范围内,以额定起升速度进行起升、下降	在最大幅度和最小幅度之间,臂架以额定速度俯仰变幅	在最大幅度和最小幅度之间,以额定速度进行两个方向的变幅	以额定速度进行左右回转。对不能全回转的塔式起重机,应超过最大回转角	以额定速度进行往复行走。臂架垂直于轨道。吊重离地500mm,单向行走距离不小于20m	根据设计要求进行组合动作试验,并目测检查各机构运转的灵活性和制动性能的可靠性。卸载后检查机构及结构各部件有无松动和破坏等异常现象
2	吊起最大额定起重量的110%,在该吊重相应的最大幅度时		不试	在最小幅度和对应该吊重的最大幅度之间,小车以额定速度进行两个方向的变幅			
3	在上两个幅度的中间幅度处,吊起相应额定起重量的110%						
4	具有多档变速的起升机构,每档速度允许的额定起重量的110%		不试				

注:对设计规定不能带载变幅的动臂式塔式起重机,可以不按本表规定进行带载变幅试验。

(4)超载25%静载试验 试验荷载取额定起重量的125%,主要是考核塔式起重机的强度及结构承载力,吊钩是否有下滑现象;卸载后塔式起重机是否出现可见裂纹、永久变形、油漆剥落、连接松动及对塔式起重机性能和安全有影响的损坏。一般用于塔式起重机的型式检验和出厂检验。

超载 25％静载试验内容和方法见表 6-10，试验时臂架分别位于与塔身成 0°和 45°两个方位。

表 6-10　超载 25％静载试验的内容和方法

序号	工　况	起　升	试验目的
1	在最大幅度时，起吊相应额定起重量的 125％	吊重离地面 100～200mm 处，并在吊钩上逐次增加重量至 1.25 倍，停留 10min 后同一位置测量并进行比较	检查制动器可靠性，并在卸载后目测检查塔式起重机是否出现可见裂纹、永久变形、油漆剥落、连接松动及其他可能对塔式起重机性能和安全有影响的隐患
2	吊起最大起重量的 125％，在该吊重相应的最大幅度时		
3	在上两个幅度的中间处，相应额定起重量的 125％		

注：1. 试验时不允许对制动器进行调整；

　　2. 试验时允许对力矩限制器、起重量限制器进行调整，试验后应重新将其调整到规定值。

<h2 style="text-align:center">第三节　塔式起重机的拆卸</h2>

一般来说，塔式起重机的拆卸过程就是安装过程的逆过程。但是安装和拆卸的周围环境不同，拆卸时建筑物已经建好，场地受限制，因此操作要更加小心谨慎。

一、上回转自升式塔式起重机标准节的拆除

自升式塔式起重机塔体很高，首先是拆除标准节降低塔高。

①起重臂转到正前方，将回转制动。小车往外开，平衡后倾力矩，使被顶升部分（塔式起重机上部回转部分）的重心与顶升油缸轴线重合，必要时还要增加附加重量。

②拆掉最上面标准节的上下连接螺栓，将引进滚轮架套在其四根主弦杆下端，滚轮对准引进横梁。起动泵站，使顶升油缸活塞杆伸出，将顶升横梁准确嵌入下一个顶升支板槽内。再顶起塔式起重机上部，带动引进横梁升高，将引进滚轮嵌在引进横梁上，再略提起，使最上面的标准节与下面的标准节完全脱离，这时将标准节拉出来，如图 6-17 所示。

③使油缸回缩，同时用绳牵引活动爬爪的尾部使之立起来，躲开最上面一个顶升支板，继续下降，使活动爬爪搭在下一个顶升支板的顶面。

④油缸再略回缩，将顶升横梁从顶升支板槽内抽出。然后油缸再伸出，使顶升横梁搭到下一个顶升支板槽内。油缸略伸出，顶起塔式起重机上部，使活动爬爪翻转，躲开刚搭接的支耳板。油缸回缩，塔式起重机上部继续下降，直到回转下支座接触下一个标准节顶部。

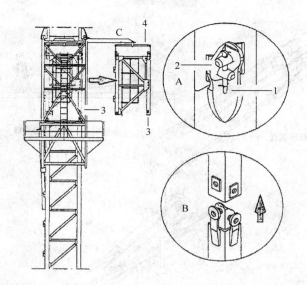

图 6-17　标准节拆除

1. 锁销　2. 连接销轴　3. 标准节　4. 引进横梁
A—拆除连接销轴　B—顶升塔式起重机上部　C—引出标准节

⑤用连接螺栓将回转下支座与顶部标准节连接起来,此时可以只装一个螺母,但不可以不装连接螺栓就起吊。用起升吊钩卸下刚拉出来的标准节。

⑥按①~⑤的步骤如此反复,继续卸除标准节,降低塔式起重机高度。当顶升套架下部离附着架不到一个标准节高度时,应先拆附着架,然后再拆标准节。当套架下部快碰到底架撑杆时,先拆除撑杆,再继续拆标准节,直到顶升套架完全降下来为止。

二、上回转自升式塔式起重机的拆除

上回转自升式塔式起重机的拆除应严格按照以下叙述顺序进行:首先拆平衡重,然后拆起重臂,再拆平衡臂,最后拆其他部分。否则,就有倒塔的危险。

①拆除平衡重。用汽车吊拆除平衡重。对于大而长的平衡臂,可以保留1~2块平衡重,以平衡起重臂过大的前倾力矩;对于长度50m以下的固定式塔式起重机,可把平衡重全部拆完。但在拆除起重臂架之前绝不可先拆平衡臂。

②拆除起重臂。用汽车吊吊起起重臂,略微上翘,拆除起重臂拉杆,使之搁在臂架上弦的固定卡板槽内,然后再拆除起重臂根部的连接销。如图 6-18 所示。注意在拆除平衡重之前,绝不许拆除起重臂或起重臂拉杆。

③拆除剩余的平衡重块,然后拆平衡臂。

④拆除回转塔身和塔帽的组合体。

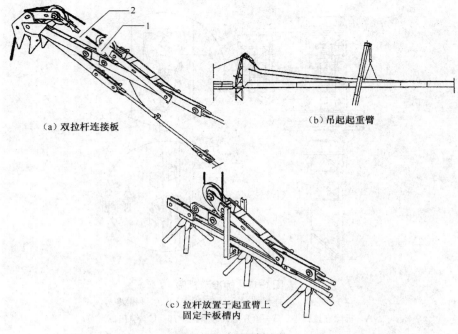

（a）双拉杆连接板

（b）吊起起重臂

（c）拉杆放置于起重臂上
固定卡板槽内

图 6-18 起重臂拆除

1、2. 起重臂拉杆

⑤拆除回转部分的总成组合体。

⑥拆除顶升套架。

⑦拆除底节和底架。

第七章　塔式起重机的安全使用

第一节　塔式起重机的使用性能

一、塔式起重机的类型代号

塔式起重机的产品型号的组成是按照我国行业标准制定的,见表 7-1。

表 7-1　塔式起重机的分类形式及代号

类别代号	组别代号	形　式	代号	代号含义	主参数
起重机械 Q(起)	塔式起重机 QT(起,塔)	上回转式	QT	上回转塔式起重机	额定起重力矩 /kN·m
		上回转自升式 Z (自)	QTZ	上回转自升式塔式起重机	
		下回转式 X(下)	QTX	下回转塔式起重机	
		下回转自升式 (S)升	QTS	下回转自升式塔式起重机	
		快速安装式 K (快)	QTK	快速安装塔式起重机	
		固定式 G(固)	QTG	固定式塔式起重机	
		爬升式 P(爬)	QTP	爬升式塔式起重机	
		轮胎式 L(轮)	QTL	轮胎式塔式起重机	
		汽车式 Q(汽)	QTQ	汽车式塔式起重机	
		履带式 U(覆)	QTU	履带式塔式起重机	

塔式起重机的主参数额定起重力矩是塔式起重机产品代号的重要组成部分,直接反映出该机械的级别。ZBJ 04008《建筑机械与设备产品型号编制方法》规定,塔式起重机的型号编制如下所示:

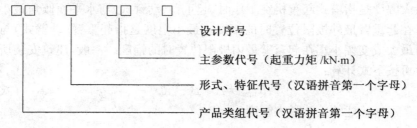

例如：QTZ630B 表示起重力矩为 630 kN·m 的上回转自升式塔式起重机，第二次改型设计。

二、塔式起重机的主要技术性能参数

塔式起重机的技术参数是表示机械性能和工作能力的物理量，主要包括：技术性能参数、尺寸参数、质量参数、功率参数和经济指标参数等。塔式起重机的主要技术性能参数包括起重力矩、起重量、幅度、起升高度等，其他参数包括工作速度、结构重量、尺寸、平衡臂尾部尺寸及轨距轴距等。

1. 起重量

起重量是吊钩能吊起的重量，其中包括吊索、吊具及容器的重量，单位为 kN（1t＝10kN）。起重机的起重量参数用额定起重量表示。

塔式起重机的吊钩在作业中始终与起重机安装在一起，因而将它称为不可分吊具。在实际生产中，为满足起吊某些重物的要求，有时需要特制专用的吊具或附属用具，如铁扁担、吊笼、灰斗等，将它们挂在起重机的吊钩上来吊运重物，这些可以从吊钩上摘下来的吊具或附属用具称为可分吊具。所谓额定起重量，是指塔式起重机在各种安全工作情况下所允许吊起的重物和可分吊具重量的总和。额定起重量是随着幅度而改变的，也就是说，在不同的幅度下有不同的额定起重量。随着幅度的加大，额定起重量便减小；幅度减小，额定起重量便增加。例如，QTZ200 型塔式起重机当幅度为 40m 时，额定起重量为 3.5t；幅度为 35m 时额定起重量是 4.5t；15m 幅度下时额定起重量是 6t。

当幅度减小到一定程度时，起重量便增加到允许的最大值，这时的起重量就是最大起重量。最大起重量，是指塔式起重机在正常工作条件下所允许起吊的最大额定起重量。

2. 幅度

幅度又称为工作幅度或回转半径，是塔式起重机处于水平的轨道或基础基准面时，空载吊具的垂直中心线到起重机回转中心线之间的水平距离，单位 m。吊重后，由于起重臂、塔顶、塔身拉索（拉杆）等变形影响，这时的上述距离要比空载时的大。

幅度是表示塔式起重机在不运行时，所能达到的水平运输范围，它是衡量塔式起重机工作能力的重要参数。通常幅度还有最大幅度和最小幅度两个参数表示。最大幅度是指塔式起重机在工作时，起重臂（动臂式）与水平面倾角最小或变幅小车在起重臂最外极限位置时的幅度。最小幅度是指起重臂（动臂式）与水平面倾角最大或变幅小车在起重臂最内极限位置时的幅度。一般，建筑安装所需最大幅度可按下式计算：

$$R_{max}＝A＋B＋\Delta L \qquad （式 7\text{-}1）$$

式中 R_{max}——建筑安装最大幅度(m)；

A——轨道中心至建筑物凸出部分外墙之间的距离(m);

B——建筑物全宽(m);

ΔL——为便利挂钩及构件安装就位所需的余量,通常 1.5～2m。

3. 起重力矩

起重量与相应幅度的乘积为起重力矩,单位为 t·m(1t·m=10kN·m)。例如,某一塔式起重机幅度 25m 时吊起 3t(30kN)的重物,这时它的起重力矩为 25×30=750kN·m。

起重力矩既是表示起重量和幅度的指标,又是反映金属结构的强度、工作稳定性和整机稳定性(即不倾翻)的指标。

额定起重力矩是表示塔式起重机工作能力的主参数,它是塔式起重机工作时保持塔式起重机稳定性的控制值。当额定起重力矩一定时,幅度增大,则额定起重量减小;幅度减小,则额定起重量增大。

4. 起升高度

起升高度是指塔式起重机停放在水平轨道或基础基准面时,吊具所允许达到最高位置的垂直距离。如果使用的吊具为吊钩,起重高度是指吊钩最下部所允许达到最高位置的垂直距离。

塔式起重机的起升高度越大,就越能发挥它的垂直运输的特点,起升高度的大小是衡量垂直运输能力的参数。

一般,建筑安装最大起升高度可按下式计算:

$$H_{max}=h_1+h_2+h_3+h_4 \qquad\qquad (式 7\text{-}2)$$

式中 H_{max}——建筑安装所需最大起升高度(m);

h_1——建筑物设计总体高度(m);

h_2——建筑物顶层人员安全生产所需高度,一般取 2m;

h_3——构件起吊高度(m);

h_4——吊索高度(m)。

5. 工作速度

塔式起重机的工作速度包括起升速度、变幅速度、回转速度、行走速度等。

(1)起升速度 在各稳定运行速度,起吊对应的最大额定起重量时,吊钩上升过程中稳定运动状态下的上升速度。

(2)小车变幅速度 对小车变幅塔式起重机,起吊最大幅度的额定起重量,风速小于 3m/s 时,小车稳定运行的速度。

(3)回转速度 塔式起重机在最大额定起重力矩荷载状态,风速小于 3m/s,吊钩位于最大高度时的稳定回转速度。

(4)行走速度 空载,风速小于 3m/s,起重臂平行于轨道方向时塔式起重机稳定运行的速度。

6. 尾部尺寸

上回转起重机的尾部尺寸是指由回转中心线至平衡臂尾部(包括平衡重)的最大回转半径。

7. 结构重量

结构重量即塔式起重机各部件的重量。结构重量、外形轮廓尺寸是运输、安装、拆卸塔式起重机时的重要参数,各部件的重量、尺寸以塔式起重机使用说明书上标注的为准。

三、塔式起重机的起重特性

塔式起重机的起重特性由起重量特性和起升高度特性组成。起重特性是选择类型、型号、安全使用和操作塔式起重机的依据。

在选择塔式起重机类型和型号时,首先应确定建筑安装最大工作幅度和建筑安装所需最大起升高度。根据建筑安装构件所需最大起重高度选择塔式起重机的类型,根据建筑安装构件的距离不同和构件的重量来确定塔式起重机的型号。具体说就是塔式起重机要满足起重力矩、工作幅度、起重量和起升高度的要求。

如果所选具体型号的塔式起重机满足建筑安装最大工作幅度和建筑安装所需最大起升高度的要求,还应根据该塔式起重机的起重量性能曲线或起重量性能表,进一步校核在不同的工作幅度处安装构件的重量是否超过额定起重量;在吊装构件距塔式起重机回转中心线最远处安装,该机的起重力矩是否满足要求。以此保证塔式起重机的工作稳定性和可靠性。

1. 起重量特性

塔式起重机的额定起重量是随着幅度而变化的。塔式起重机的起重量随幅度变化关系,称为起重量特性。通常这种关系用曲线表达则称为起重量特性曲线,用表表达则成为起重量特性表。

如图 7-1 所示为 QTZ63 塔式起重机的起重量特性曲线。在直角坐标系中,

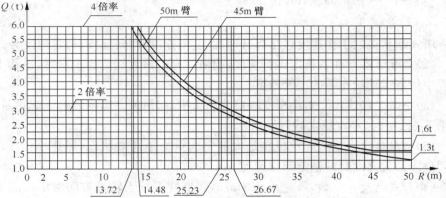

图 7-1　QTZ63 型塔式起重机起重特性曲线

横坐标表示幅度,纵坐标表示额定起重量。一台塔式起重机在起重臂拼装成不同长度时,它们的起重量特性曲线也不一样,为了方便起见,通常将这些曲线绘在同一张图上。如图 7-1 所示的两条曲线,分别代表起重臂在 45m 和 50m 时额定起重量随幅度的变化关系。利用起重特性曲线便可查出在某一确定幅度下起重机的额定起重量,也可以查出在某一确定的额定起重量下所对应的幅度。

每台起重机都应有起重量与起重幅度的对应表,即起重量特性表。表 7-2 为起重臂在 50m 时的 QT63 型塔式起重机的起重量特性表。

表 7-2　QT63 型塔式起重机起重臂在 50m 时的起重量特性表

幅度/m		2～13.72	14	14.48	15	16	17	18	19
吊重/kg	2 绳	3 000	3 000	3 000	3 000	3 000	3 000	3 000	3 000
	4 绳	6 000	5 865	5 646	5 426	5 046	4 712	4 417	4 154

幅度/m		20	21	22	23	24	25	25.23	26	26.67
吊重/kg	2 绳	3 000	3 000	3 000	3 000	3 000	3 000	3 000	2 897	2 812
	4 绳	3 918	3 706	3 514	3 339	3 180	3 032			

幅度/m		27	28	29	30	31	32	33	34	35
吊重/kg	2 绳	2 772	2 656	2 549	2 449	2 355	2 268	2 186	2 108	2 036
	4 绳									

幅度/m		36	37	38	39	40	41	42	43	44
吊重/kg	2 绳	1 967	1 902	1 841	1 783	1 728	1 676	1 626	1 578	1 533
	4 绳									

幅度/m		45	46	47	48	49	50
吊重/kg	2 绳	1 490	1 449	1 409	1 371	1 335	1 300
	4 绳						

2. 起升高度特性

水平起重臂小车变幅式的塔式起重机,起升高度不随幅度变化。有些(如动臂式、折臂式等)则是随幅度而变化的。这个变化关系,也可以用直角坐标图中的曲线表示出来。横坐标轴表示幅度,纵坐标轴表示起升高度。表示最大起升高度随幅度变化的曲线叫做起升高度曲线。为了方便起见,通常将同一台塔式起重机的起重臂拼装成不同长度时的高度曲线绘在同一张坐标图上。

第二节　塔式起重机的稳定性

一、倾翻力矩和稳定力矩

力作用在物体上,可以使物体移动,同样也可以使物体转动。例如用扳手拧螺栓时,螺栓发生转动。为了度量力使物体转动的效果,需要引入"力对点的矩"的概念。物体转动的中心称为"矩心",矩心到力作用线的垂直距离 L,称为力臂。力 P 使物体转动的效果不但与力的大小有关,而且与力臂的长短有关,所以用力与力臂的乘积 PL 来衡量力使物体转动的效果,称为力对点的矩,简称力矩。即:

$$M_O(P) = PL \qquad\qquad (式\ 7\text{-}3)$$

表示力 P 对矩心 O 点的力矩。

力矩的单位取决于力的单位和长度单位,用牛顿·米($N·m$)或千牛顿·米($kN·m$)表示。

如图 7-2 所示,作用在塔式起重机上的各种荷载,对倾翻一边引起的力矩有两种:一种是起倾翻作用的叫做倾翻力矩。起倾翻作用的力有起吊重物引起的重力、风力以及惯性力。另一种是起稳定作用的叫做稳定力矩。对塔式起重机起稳定作用的力有自重、压重、平衡重。

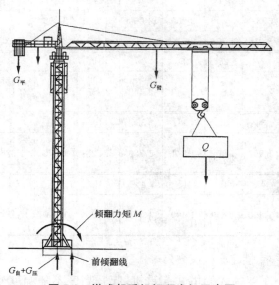

图 7-2 塔式起重机倾翻力矩示意图

倾翻力矩和稳定力矩的大小随各种工作状况的不同而改变。塔式起重机的抗倾翻稳定性能是变化着的,在一种工况下可能抗倾翻稳定性能很好,而在另一种工况下可能变得很差。塔式起重机的稳定性的条件是:作用在塔式起重机及其部件的各种力的大小和方向均取最不利的组合条件下,包括自重、压重、平衡重荷载在内的各项荷载对倾翻边的稳定力矩要大于或等于起吊重物引起的重力、风力以及惯性力对倾翻边的倾翻力矩,只有达到这一要求,才能保证塔式起重机不倾翻。

二、塔式起重机的稳定性验算

塔式起重机的稳定性,是指塔式起重机抵抗风荷载、吊重、惯性荷载、基础坡度等倾翻因素的影响,保持原有稳定状态的能力。各种塔式起重机,都必须具备在各种不利的情况下,保持良好的稳定性,否则会造成塔式起重机倾翻。

塔式起重机在安装、使用和拆卸中,最基本的要求是防止塔式起重机的整机倾翻。由于塔式起重机具有幅度大和高度高的特点,塔式起重机高度与其支承轮廓尺寸的比值很大,因而保证整体稳定性是一个非常突出的问题。在对塔式起重机进行稳定性计算时一般都考虑风荷载、惯性荷载和基础、轨道倾斜度等的影响。而且一般都需要进行工作状态(起重稳定性)、非工作状态(自身稳定性)和安装、拆卸时的稳定性验算。

根据 GB 5144—2006《塔式起重机安全规程》和 GB/T 13752—1992《塔式起重机设计规范》的规定,对塔式起重机的稳定性,要进行无风静载工况、有风动载工况、突然卸载工况、安装工况和暴风袭击下的非工况进行计算,最后根据最危险的倾翻状态,来确定基础的重量或应加的压重。

1. 无风静载工况的稳定性

无风静载工况的稳定性为基本稳定性,指在没有风荷载情况下,工作时吊起重物不动时的抗倾翻能力。

2. 有风荷载工况的稳定性

有风荷载工况的稳定性为动态稳定性,指在有风荷载的情况下,塔式起重机处于运动状态,即塔式起重机正常工作有吊重和惯性力作用时的抗倾翻能力。

3. 突然卸载工况的稳定性

指吊重在运行中突然脱落或用料斗装运散料卸载时的抗倾翻能力。

4. 暴风袭击非工况的稳定性

指大风吹动时,塔式起重机非工作状态下的抗倾翻能力。

5. 安装工况的稳定性

安装工况分好几个阶段:一是先装了平衡臂,向后倾;二是装上起重臂,但尚未装平衡重,向前倾;三是装平衡重,即空车状态,又向后倾。但以上三个阶段,以只安装了平衡臂和起重臂,尚未安装平衡重时,稳定力矩最小,此时倾翻力矩却较大,故应取作危险的安装工况。故安装工况的稳定性指以只安装了平衡臂和起重臂,尚未安装平衡重时的抗倾翻能力。

第三节　物体的重力、重心和吊点位置的选择

一、物体的重力

起重作业时,当被吊装构件和物体的重力没有直接提供时,必须正确确定构件和物体的重力,用于进一步核定实际起重量和工作幅度,再依据塔式起重机的

起重量性能判断是否超过额定起重量。

　　物体的重力表示物体受地球引力的大小,与物体的质量有关。物体的质量表示物体所含物质的多少,等于物体的体积×物体材料的密度。物体的重力可根据下式计算:

$$G=mg=V\rho g \qquad (式7\text{-}4)$$

式中　G——物体的重力(N);

　　　m——物体的质量(kg);

　　　V——物体的体积(m^3);

　　　ρ——物体材料的密度(kg/m^3);

　　　g——重力加速度(9.81m/s^2),可以理解为质量为1kg的物体受到的重力
　　　　　大小约为10N。

　　物体体积的计算,对于简单规则的几何形体的体积,可按表7-3中的计算公式计算;对于复杂的物体体积,可将其分解成几个规则的或近似的几何形体,求其体积的总和。

表7-3　各种几何形体体积计算公式表

名　称	图　形	公　式
立方体	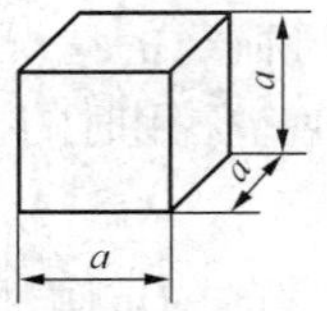	$V=a^3$
长方体	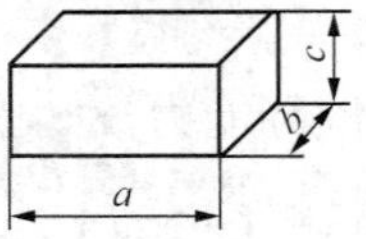	$V=abc$
圆柱体	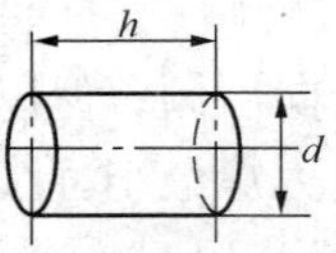	$V=\dfrac{\pi}{4}d^2h=\pi R^2h$ 式中　R——半径
空心圆柱体	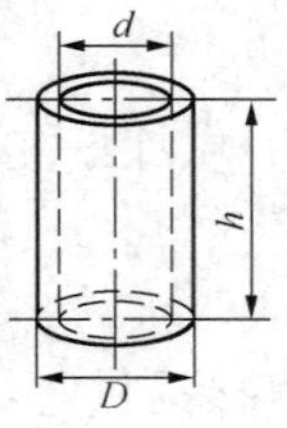	$V=\dfrac{\pi}{4}(D^2-d^2)h=\pi(R^2-r^2)h$ 式中　r,R——内、外半径

续表 7-3

名 称	图 形	公 式
斜截正圆柱体		$V=\dfrac{\pi}{4}d^2\,\dfrac{(h_1+h)}{2}=\pi R^2\,\dfrac{(h_1+h)}{2}$ 式中 R——半径
球 体		$V=\dfrac{4}{3}\pi R^3=\dfrac{1}{6}\pi d^3$ 式中 R——底圆半径； 　　　d——底圆直径
圆锥体		$V=\dfrac{1}{12}\pi d^2 h=\dfrac{\pi}{3}R^2 h$ 式中 R——底圆半径； 　　　d——底圆直径
任意三棱体		$V=\dfrac{1}{2}bhl$ 式中 b——边长； 　　　h——高； 　　　l——三棱体长
截头方锥体		$V=\dfrac{h}{6}\times\big[(2a+a_1)b+(2a_1+a)b_1\big]$ 式中 a、a_1——上下边长； 　　　b、b_1——上下边宽； 　　　h——高
正六角棱柱体		$V=\dfrac{3\sqrt{3}}{2}b^2 h$ $V=2.598b^2 h=2.6b^2 h$ 式中 b——底边长

　　物质单位体积的质量称为该种物质的密度,密度的单位是 kg/m³。建筑施工中常见的物质的密度见表 7-4。

表 7-4　建筑施工中常见的物质的密度　　　　　($\times 10^3 \mathrm{kg/m^3}$)

物体材料	密　度	物体材料	密　度
水	1.0	混凝土	2.4
钢	7.85	碎石	1.6
铸铁	7.2~7.5	水泥	0.9~1.6
铸铜、镍	8.6~8.9	砖	1.4~2.0
铝	2.7	煤	0.6~0.8
铅	11.34	焦炭	0.35~0.53
铁矿	1.5~2.5	石灰石	1.2~1.5
木材	0.5~0.7	造型砂	0.8~1.3

举例计算重力。如图 7-3 所示,起重机的料斗上口长 1.2m,宽 1m,下底面长 0.8m,宽 0.5m,高 1.5m,试计算满斗混凝土的重力。

查表 7-4 得知混凝土的密度:$\rho = 2.4 \times 10^3 \mathrm{kg/m^3}$。

料斗的体积:$V = \dfrac{h}{2}\left[(2a + a_1)b + (2a_1 + a)b_1\right]$

$$= \frac{1.5}{6}\left[(2 \times 1.2 + 0.8) \times 1 + (2 \times 0.8 + 1.2) \times 0.5\right]$$

$$= 1.15\,(\mathrm{m^3})$$

混凝土的质量:$m = \rho V = 2.4 \times 10^3 \times 1.15 = 2.76 \times 10^3\,(\mathrm{kg})$

混凝土的重力:$G = mg = 2.76 \times 10^3 \times 10 = 27.6\,(\mathrm{kN})$

二、重心和吊点位置的选择

1. 重心

重心是物体所受重力合力的作用点,物体的重心位置由物体的几何形状和物体各部分的质量分布情况来决定。质量分布均匀、形状规则物体的重心在其几何中心。物体的重心相对物体的位置是一定的,它不会随物体放置位置的改变而改变。物体的重心可能在物体的形体之内,也可能在物体的形体之外。

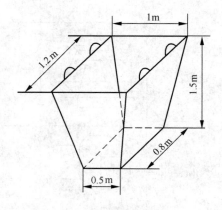

图 7-3　起重机的料斗

物体重心的位置有非常重要的意义,如塔式起重机起重量过大而平衡重过小,就会造成整个塔式起重机的重心前移到支撑面积之外,以致发生翻倾。重心位置对物体的吊运、安装也非常重要,如果起吊时物体的重心不在吊钩的正下方,那么在物体离开地面时就不能保持平衡,以致发生危险。

确定物体重心位置的方法有以下三种：

（1）利用形体的对称性确定重心 日常所见物体多为均质物体，而且很多常见的形体都有一定的对称性，即具有对称面、对称轴线或对称中心。凡具有对称面、对称轴线或对称中心的均质物体，其重心必在其对称面、对称轴线或对称中心上。

利用形体的对称性，能确定出很多几何形体的重心。例如：球体的重心就是球心，矩形物体的重心就是矩形中心（两对角线的交点），环形物体的重心就是圆环中心（与此处是否有物质无关），三角形的重心为三角形顶点与对边中点连线的交点。

（2）用悬挂法确定重心 对于形状不规则的物体，常用悬挂法确定重心。如图 7-4 所示，方法是在物体上任意找一点 A，用绳子把它悬挂起来，物体的重力和悬索的拉力必定在同一条直线上，也就是重心必定在通过 A 点所作的竖直线 AD 上；再取任一点 B，同样把物体悬挂起来，重心必定在通过 B 点所作的竖直线 BE 上。这两条直线的交点，就是该物体的重心。

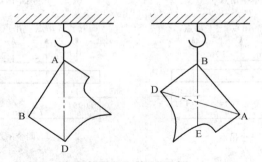

图 7-4 悬挂法求形状不规则物体的重心

（3）用计算法确定中心 任何一个质量分布均匀的不规则物体都可以分割为多个规则的部分，因此根据力矩平衡原理便可求出它们的重心，即：

$$重心坐标 = \frac{各部分面积（或体积）与各部分重心坐标乘积的总和}{整个面积（或体积）}$$

对于塔式起重机及组合式的桁架类构件等，确定其重心时也可应用上述计算方法，只不过在上述公式中将"面积（或体积）"改成重力即可。

2. 吊点位置和数量的选择

在起重作业中，应当根据被吊物体来选择吊点位置和数量，吊点位置和数量选择不当就会造成吊索受力不均，甚至发生被吊物体转动和倾翻的危险，还可使长宽比较大的构件发生变形、开裂，甚至折断。吊点位置和数量的选择，一般按下列原则进行：

（1）有设计吊点 吊运各种设备和构件时，要用原设计的吊耳或吊环。

（2）**无设计吊点**　吊运各种设备和构件时,如果没有吊耳或吊环,可在靠近设备或构件的四个端点处捆绑吊索,并使吊钩中心与设备或构件的重心在同一条铅垂线上。有些设备虽然未设吊耳或吊环,如各种罐类以及重要设备,却往往有吊点标记,应仔细检查。

（3）**方形物体**　吊运方形物体时,四根吊索应拴在物体的四边对称点上。

（4）**细长物体**　吊装细长物体时,如桩、钢筋、钢柱和钢梁等杆件,应按计算确定的吊点位置绑扎绳索。如图7-5所示,吊点位置的确定有以下几种情况:

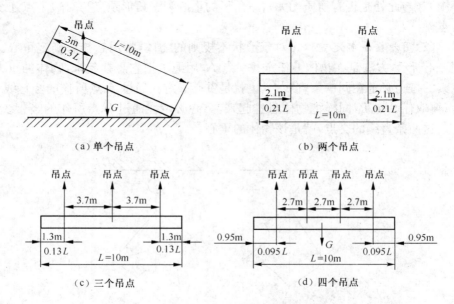

图 7-5　吊点位置的确定

①一个吊点。起吊点位置应设在距起吊端 $0.3L$（L 为物体的长度）处。如钢管长度为 10m,则捆绑位置应设在钢管起吊端距端部 $10 \times 0.3 = 3$(m)处,如图7-5(a)所示。

②两个吊点。如起吊用两个吊点,则两个吊点应分别距物体两端 $0.21L$ 处。如果物体长度为 10m,吊点位置为 $10 \times 0.21 = 2.1$(m),如图7-5(b)所示。

③三个吊点。如物体较长,为减少起吊时物体所产生的应力,可采用三个吊点。三个吊点位置确定的方法是:首先用 $0.13L$ 确定出两端的两个吊点位置,然后把两个吊点间的距离等分,即得第三个吊点的位置,也就是中间吊点的位置。如杆件长 10m,则两端吊点位置为 $10 \times 0.13 = 1.3$(m),如图7-5(c)所示。

④四个吊点。选择四个吊点,首先用 $0.095L$ 确定出两端的两个吊点位置,然后再把两个吊点间的距离进行三等分,即得中间两个吊点位置。如杆件长 10m,则两端吊点位置分别距两端 $10 \times 0.095 = 0.95$(m),中间两个吊点位置分别距两

端 $10\times0.095+10\times(1-0.095\times2)/3=(0.95+2.7)$m，如图 7-5(d)所示。

第四节　塔式起重机的技术条件

一、塔式起重机的技术要求

①塔式起重机生产厂必须持有国家颁发的特种设备制造许可证。

②有监督检验证明、出厂合格证和产品设计文件、安装及使用维修说明、有关试验合格证明等文件。安装后未经有相应资质检验检测机构监督检验和经检验不合格，不得投入使用。

③有配件目录及必要的专用随机工具。

④对于购入的旧塔式起重机应有两年内完整运行记录及维修、改造资料，在使用前应对金属结构、机构、电器、操作系统、液压系统及安全装置等各部分进行检查和试车，以保证其工作可靠。

⑤对改造、大修的塔式起重机要有出厂检验合格证、监督检验证明。

⑥对于停用时间超过一个月的塔式起重机，在启用时必须做好各部件的润滑、调整、保养和检查。

⑦塔式起重机的各种安全装置和仪器仪表必须齐全和灵敏可靠。

⑧有下列情形之一的塔式起重机，不得出租、安装和使用：属国家明令淘汰或者禁止使用的，超过安全技术标准或者制造厂家规定使用年限的，经检验达不到安全技术标准规定的，没有完整安全技术档案的，没有齐全有效的安全保护装置的。

⑨严禁在安装好的塔身金属结构上安装或悬挂标语牌、广告牌等挡风物件。

二、塔式起重机的安全距离

塔式起重机的安全距离是指在安全生产的前提下，塔式起重机运动部分作业时与障碍物应当保持的最小距离。对塔式起重机的安全距离有以下要求：

①塔式起重机平衡臂与相邻建筑物之间的安全距离不少于 0.6m。

②塔式起重机包括吊物等任何部位与输电线之间的距离应符合表 7-5 安全距离要求。

表 7-5　塔式起重机与外输电线路的最小安全距离

电压/kV 安全距离	<1	1~15	20~40	60~110	220
沿垂直方向/m	1.5	3.0	4.0	5.0	6.0
沿水平方向/m	1.0	1.5	2.0	4.0	6.0

③两台及两台以上塔式起重机作业时，相邻两台塔式起重机的最小架设距离

应当保证处于低位塔式起重机的起重臂端部与处于高位塔式起重机的塔身之间至少有 2m 的安全距离;处于高位塔式起重机的最低部位的部件(吊钩升至最高点或平衡重的最低部位)与低位塔式起重机中最高部位的部件之间的垂直距离不应小于 2m;塔身和起重臂不能发生干涉,尽量保证塔式起重机在风力过大时能自由旋转。

塔式起重机除了应当考虑与其他塔式起重机、建筑物和外输电线路有可靠的安全距离外,还应考虑到毗邻的公共场所(包括学校和商场等)、公共交通区域(包括公路、铁路和航运等)等因素。在塔式起重机及其荷载不能避开这类障碍时,应向政府有关部门咨询。

塔式起重机基础应避开任何地下设施,无法避开时,应对地下设施采取保护措施,预防灾害事故发生。

三、塔式起重机的工作环境

对塔式起重机的工作环境有以下要求:

①塔式起重机的工作环境温度为 $-20℃\sim40℃$。

②风力在四级及以上,或塔式起重机的最大安装高度处的风速大于 13m/s 时,不得进行顶升、安装和拆卸作业。

③塔式起重机在工作时,驾驶室内噪声应不超过 80dB(A);在距各传动机构边缘 1m、底面上方 1.5m 处测得的噪声值应不大于 90dB(A)。

④无易燃、易爆气体和粉尘等危险物。

⑤海拔高度 1000m 以下。

当塔式起重机在强磁场区域(如电视发射台、发射塔和雷达站等附近)安装使用时,应指派人员采取保护措施,以防止塔式起重机运行时切割磁力线发电而对人员造成伤害,并应确认磁场不会对塔式起重机控制系统(采用遥控操作时应特别注意)造成影响。当塔式起重机在航空站、飞机场和航线附近安装使用时,使用单位应向相关部门报告并获得许可。

四、塔式起重机的安装偏差

对塔式起重机的安装偏差有以下要求:

①空载时,最大幅度允许偏差为其设计值的 $\pm2\%$,最小幅度允许偏差为其设计值的 $\pm10\%$。

②尾部回转半径应不大于其设计值的 100mm。

③空载,风速不大于 3m/s 状态下,独立状态塔身(或附着状态下最高附着点以上塔身)轴心线的侧向垂直度允许偏差为 4‰,最高附着点以下塔身轴心线的垂直度允许偏差为 2‰。

④小车变幅塔式起重机,在空载状态下小车任意一个滚轮与轨道的支承点对其他滚轮与轨道的支承点组成的平面的偏移不得超过轴距公称值的 1‰。

⑤支腿纵、横向跨距的允许偏差为其设计值的±1%。

⑥对轨道运行的塔式起重机，其轨距允许偏差为其设计值的±1‰，且最大允许偏差±6mm。

五、塔式起重机高强度螺栓和销轴的连接要求

塔式起重机主要受力构件的螺栓连接应采用高强度螺栓。对塔式起重机高强度螺栓和销轴的连接有以下要求：

①高强度螺栓应有性能等级符号标识和合格证书。

②塔身标准节、回转支承等受力连接用高强度螺栓应提供楔荷载合格证明。

③标准节连接螺栓应不采用锤击即可顺利穿入，螺栓按规定紧固后主肢端面接触面积不小于应接触面的70%。

④销轴连接应有可靠的轴向定位。

六、塔式起重机的工作运行要求

塔式起重机机构的工作速度允许偏差应不超过其设计值的±5%。

①回转机构在回转时，应保证起动和制动平稳；在非工作状态下，回转机构应允许臂架随风自由转动。

②起升机构在运行时应保证起动和制动平稳；吊重在空中停止后，重复慢速起升时，不允许吊重有瞬时下滑现象；起升机构应具有慢就位性能，不允许有单独靠重力下降的运动；慢速下降的速度根据起重量的大小确定，但不得大于9m/min。

③变幅机构在变幅时，应保证起动和制动平稳；对于动臂变幅的塔式起重机，不允许有单独靠重力下降的运动；对能带载变幅的变幅机构除满足变幅过程的稳定性外，还应设有可靠的防止起重臂坠落的安全装置。

④轨道式塔式起重机其行走机构在运行时，应保证起动和制动平稳。

⑤操纵机构的各操作动作应相互不干扰和不会引起误操作；各操纵件应定位可靠，不得发生自动离位。

七、塔式起重机的电源电器要求

对塔式起重机电源电器有以下要求：

①采用三相五线制供电时，供电线路的零线应与塔式起重机的接地线严格分开。

②在正常工作条件下，供电系统在塔式起重机馈线接入处的电压波动应不超过额定值的10%。

③塔式起重机主体结构、电动机机座和所有电气设备的金属外壳、导线的金属保护管都应可靠接地，其接地电阻不应大于4Ω；重复接地，其接地电阻值应不大于10Ω。

④电气系统应有可靠的自动保护装置，具有短路保护、过流保护及缺相保护

等功能。

⑤各机构运行控制电路中,应有防止驾驶员误操作的保护措施。

⑥各限位开关应安全可靠;在脱离接触并返回正常工作状态后,限位开关能复位;当设有极限开关时,应能手动复位。

⑦对设有防护罩的电动机其防护罩不能影响电动机散热,电动机安装位置应满足通风冷却要求,并便于检修。

⑧配电箱应有门锁,门外应设置有电危险的警示标志;配电箱、联动操纵台、控制盘和接线盒上的所有导线端部、接线端子应有正确的标记、编号,并与电气原理图、电气布线图一致。

⑨沿塔身垂直悬挂的电缆应使用瓷瓶固定,其数量应根据电缆的规格、型号、长度及塔式起重机工作环境确定,以保证电缆自重产生的拉应力不超过电缆的机械强度和防止其他因素引起的机械磨损。

八、塔式起重机的液压系统要求

对塔式起重机的液压系统有以下要求:

①塔式起重机的液压系统应设有防止过载和液压冲击的安全装置,安全溢流阀的调整压力不得大于系统的额定工作压力110％。

②液压系统中应设置滤油器和其他防止污染的装置,过滤精度应符合系统中选用的液压元件的要求。

③液压油应符合所选油类的性能标准,并能适应工作环境的温度。

④油箱应有足够的容量,并能使液压系统的油温保持在正常工作温度范围内,最高油温不超过35℃。

九、塔式起重机的安全装置要求

1. 起升高度限位器

塔式起重机的吊钩装置起升到下列规定的极限位置或距离时,应自动切断起升动作电源。

①对动臂变幅的塔式起重机,当吊钩装置顶部升至起重臂下端的极限距离应为800mm。

②上回转的小车变幅塔式起重机,吊钩装置顶部升至小车架下端的极限位置应符合下列规定:起升钢丝绳的倍率为2倍率时,其极限位置应为1000mm;起升钢丝绳的倍率为4倍率时,其极限位置应为700mm。

2. 幅度限位器

对塔式起重机幅度限位器有以下要求:

①对动臂变幅的塔式起重机,应设置幅度限位开关,在臂架到达相应的极限位置前开关动作,停止臂架再往极限方向变幅。

②对小车变幅的塔式起重机,应设置小车行程限位开关和终端缓冲装置。限

位开关动作后应保证小车停车时其端部距缓冲装置最小距离为200mm。

3. 回转限位器

对回转处不设集电器供电的塔式起重机,应设置正反两个方向回转限位开关,开关动作时臂架旋转角度应不大于±540°。

4. 大车运行限位器

对于轨道运行的塔式起重机,每个运行方向应设置限位装置,其中包括限位开关、缓冲器和终端止挡;应保证开关动作后塔式起重机停车时其端部距缓冲器最小距离为1000mm,缓冲器距终端止挡器最小距离为1000mm。

5. 起重力矩限制器

对塔式起重机的起重力矩限制器有以下要求:

①当起重力矩大于相应幅度额定值并小于额定值的110%时,应停止上升和向外变幅动作。

②起重力矩限制器控制定码变幅的触点和控制定幅变码的触点应分别设置,且能分别调整。

③对小车变幅的塔式起重机,其最大变幅速度超过40m/min,在小车向外运行,且起重力矩达到额定值的80%时,变幅速度应自动转换为不大于40m/min的速度运行。

6. 起重量限制器

当起重量大于相应幅度额定起重量并小于额定起重量的110%时,应停止上升方向动作,但应有下降方向动作;具有多档变速的起升机构,限制器应对各档位具有防止超载的作用。

7. 小车变幅的断绳保护装置

对小车变幅塔式起重机应设置双向小车变幅断绳保护装置。

8. 小车防坠落装置

对小车变幅塔式起重机应设置小车防坠落装置,即使车轮失效小车也不得脱离臂架坠落。

9. 钢丝绳防脱装置

滑轮、起升卷筒及动臂变幅卷筒均应设有钢丝绳防脱装置,该装置表面与滑轮或卷筒侧板外缘间的间隙应不超过钢丝绳直径的20%,装置可能与钢丝绳接触的表面不应有棱角。

10. 报警装置

塔式起重机应装有报警装置。在塔式起重机达到额定起重力矩或额定起重量的90%以上时,装置应能向驾驶员发出断续的声光报警;在塔式起重机达到额定起重力矩或额定起重量的100%以上时,装置应能发出连续清晰的声光报警,且只有在荷载降低到额定工作能力100％以内时连续报警才能停止。

11. 夹轨器

对轨道运行式塔式起重机,应设置夹轨器。在工作时,应保证夹轨器不妨碍塔式起重机运行。

12. 指示灯

塔顶高于30m的塔式起重机,其最高点及臂端应安装红色障碍指示灯,其供电应不受停机影响;整体拖运的塔式起重机应安装示宽、刹车及转向指示灯。

13. 风速仪

对臂根铰接点高度超过50m的塔式起重机,应配备风速仪,当风速大于工作允许风速时,应能发出停止作业的警报。

第五节　塔式起重机的安全操作

一、塔式起重机驾驶员的基本要求

①驾驶员必须进行专门培训,经劳动部门考核发证方可独立操作。

②驾驶员应每年进行身体检查,酒后或身体有不适应症者不能操作。

③实行专人专机制度,严格执行交接班制度,非驾驶员不准操作。

④驾驶员应熟知机械原理、保养规则、安全操作规程和指挥信号并严格遵照执行。

⑤新安装和经修复的塔式起重机,必须按规定进行试运转,经有关部门确认合格后方可使用。

⑥驾驶员必须按所驾驶的塔式起重机的起重性能进行作业。

⑦塔式起重机驾驶员必须熟知下列知识和操作能力:所操控的起重机的构造和技术性能;起重机安全技术规程和制度;起重量与工作幅度、起升速度与机械稳定性之间的关系;钢丝绳的类型、鉴别、保养与安全系数的选择;一般仪表的使用及电气设备常见故障的排除;钢丝绳接头的穿结(卡接、插接);吊装构件质量计算;操作中能及时发现或判断各机构故障,并能采取有效措施;制动器突然失效能作紧急处理。

二、交接班制度

交接班制度是塔式起重机使用管理的一项非常重要的制度,明确了交接班驾驶员的职责,交接程序和内容,包括对塔式起重机的检查、设备运行情况记录、存在的问题和应注意的事项等。交接班应进行口头交接,填写交接班记录,并经双方签字确认。

1. 交班驾驶员职责

①检查塔式起重机的机械、电器部分是否完好。

②将空钩升到上极限位置,各操作手柄置于零位,切断电源。

③交接本班塔式起重机运转情况、保养情况及有无异常情况。

④交接塔式起重机随机工具、附件等情况。

⑤打扫卫生,保持清洁。

⑥认真填写好设备运转记录和交接班记录,交接班记录见表7-6。

表 7-6　塔式起重机驾驶员交接班记录

工程名称		塔式起重机编号			
塔式起重机型号		运转台时		天气	
序号	检查项目及要求	交班检查		接班检查	
1	保持各机构整洁,及时清扫各部位灰尘,作业处无杂物				
2	固定基础或轨道应符合要求				
3	各部结构无变形,螺栓紧固,焊缝无裂纹或开焊				
4	减速机润滑油油质和油量符合要求				
5	接通电源前各控制开关应处于零位,操作系统灵活准确,电器元件牢固正常				
6	制动器动作灵活,制动可靠				
7	吊钩及各部滑轮转动灵活,无卡塞现象				
8	各部钢丝绳应完好,固定端牢固,缠绕整齐				
9	安全保护装置灵敏可靠,吊钩保险和卷筒保险牢固有效				
10	附着装置安全可靠				
11	空载运转一个作业循环,机构无异常				
12	本班设备运行情况				
13	本班设备作业项目及内容				
14	本班应注意的事项				

交班人(签名):　　　　　　　　　　　　　　　　接班人(签名):

交接时间:　　　　　　　　　　　　　　　　年　月　日　时　分

2. 接班驾驶员职责

①认真听取上一班驾驶员工作情况介绍。

②仔细检查塔式起重机各部件,按表7-6进行班前试车,并做好记录。

③使用前必须进行空载试验运转,检查限位开关、紧急开关、行程开关等是否灵敏可靠,如有问题应及时修复,确认完好后方可使用。

④检查吊钩、吊钩附件、索具吊具是否安全可靠。

塔式起重机多人、多班作业,应组成机组,实行机长负责制,确保作业安全。机长带领机组人员坚持业务学习,不断提高业务水平,认真完成生产任务;机长带领及指导机组人员共同做好塔式起重机的日常维护保养,保证塔式起重机的完好与整洁;机长带领机组人员严格遵守塔式起重机安全操作规程;机长督促机组人员认真落实交接班制度。

三、塔式起重机的安全操作

1. 操作前的安全检查

①轨道及路基应安全可靠。松开夹轨器,按规定的方法将夹轨器固定好,确保在行走过程中,夹轨器不卡轨。

②塔式起重机各主要螺栓、销轴应连接牢固,钢结构焊缝不得有裂纹或开焊。

③检查电气部分。开机前应检查工地电源状况,塔式起重机接地是否良好,电缆接头是否可靠,电缆线是否有破损及漏电等现象,检查完毕并确认符合要求后,方可合上塔式起重机底部开关箱电源开关送电。确认各控制器置于零位后,闭合操作室内的空气开关,电源接入主电路及控制回路;按下总起动按钮使总接触器吸合,通电指示灯亮,塔式起重机处于待令工作状态,这时才可以实现对各机构的控制与操作。

④检查机械传动减速机的润滑油量和油质。

⑤检查制动器。检查各工作机构的制动器应动作灵活,制动可靠;液压油箱和制动器储油装置中的油量应符合规定,并且油路无泄漏。

⑥吊钩及各部滑轮、导绳轮等应转动灵活,无卡塞现象,各部钢丝绳应完好,固定端应牢固可靠。

⑦按使用说明书检查高度限位器的距离。

⑧检查塔式起重机与周围障碍物的安全操作距离。

⑨试运转。驾驶员在作业前必须经过下列各项检查,确认完好,方可开始作业:空载运转一个作业循环,试吊重物,核定和检查大车行走、起升高度、幅度等限位装置及起重力矩、起重量限制器等安全保护装置。

2. 附着装置的安全检查

对于附着式塔式起重机,应对附着装置进行检查。

①塔身附着框架的检查:附着框架在塔身节上的安装必须安全可靠,并应符合使用说明书中的有关规定;附着框架与塔身节的固定应牢固;各连接件不应缺少或松动。

②附着杆的检查:与附着框架的连接必须可靠;附着杆有调整装置的应按要求调整后锁紧;附着杆本身的连接不得松动。

③附着杆与建筑物的连接情况:与附着杆相连接的建筑物不应有裂纹或损

坏;在工作中附着杆与建筑物的锚固连接必须牢固,不应有错动;各连接件应齐全、可靠。

起重机遭到风速超过 25m/s 的暴风(相当于 9 级风)袭击,或经过中等地震后,必须进行全面检查,经企业主管技术部门认可,方可投入使用。

3. 塔式起重机的安全操作

①驾驶员必须熟悉所操作的塔式起重机的性能,操作时必须集中精力,并严格按说明书的规定作业。

②驾驶员必须熟练掌握标准规定的通用手势信号和有关的各种指挥信号,并与指挥人员密切配合;驾驶员必须服从指挥人员的指挥;当指挥信号不明时,驾驶员应发出"重复"信号询问,明确指挥意图后,方可操作。

③塔式起重机开始作业时,驾驶员应首先发出音响信号,以提醒作业现场人员注意。在吊运过程中,驾驶员对任何人发出的"紧急停止"信号都应服从。

④起重机驾驶员起吊重物必须严格执行"十不吊"的原则。即:吊装物质量不明或被吊物质量超过起重性能允许范围;信号不清、夜间作业照明不良;吊物下方有人或吊物上站人;吊拔埋在地下或粘接在地面、设备上的重物;斜拉斜牵;散物捆绑不牢或棱刃物与捆绑绳间无衬垫;立式构件、大灰斗、大模板等不用卡环;零碎物无容器或罐体内盛装液体过满;机械故障;5~6 级大风和恶劣气候。

⑤起重机上各种安全保护装置运转中发生故障、失效或不准确时,必须立即停机修复,严禁带病作业和在运转中进行维修保养。

⑥重物的吊挂必须符合以下七种要求:严禁用吊钩直接吊挂重物,吊钩必须用吊具、索具吊挂重物;起吊短碎物料时,必须用强度足够的网、袋包装,不得直接捆扎起吊;起吊细长物料时,物料最少必须捆扎两处,在整个吊运过程中应使物料处于水平状态;起吊的重物在整个吊运过程中不得摆动、旋转;不得吊运悬挂不稳的重物;吊运体积大的重物,应拉溜绳;不得在起吊的重物上悬挂任何重物。

⑦必须在安全可靠的状态下使用和操作塔式起重机。

操纵控制器时必须从零档开始,逐级推到所需要的档位;传动装置作反方向运动时,控制器先回零位,然后再逐档逆向操作;禁止越档操作和急开急停。吊运重物时,不得猛起猛落,以防吊运过程中发生散落、松绑、偏斜等情况。起吊时必须先将重物吊离地面 0.5m 左右停住,确定制动、物料捆扎、吊点和吊具无问题后,方可按照指挥信号操作。在起升过程中,当吊钩滑轮组接近起重臂 5m 时,应用低速起升,严防与起重臂顶撞。严禁采用自由下落的方法下降吊钩或重物;当重物下降距就位点约 1m 处时,必须采用慢速就位。塔式起重机行走到距限位开关碰块约 3m 处时,应减速停车。作业中平移起吊重物时,重物高出其所跨越障碍物的高度不得小于 1m。对于无中央集电环及起升机构不安装在回转部分的塔式起重机,回转作业时不得顺一个方向连续回转。作业中,临时停歇或停电时,必须将重物卸下,升起吊钩;将各操作手柄(钮)置于"零位",并将总电源切断。驾驶员不得操作无安全装置和安全装置失效的塔式起重机;机械发生故障时必须立即排除或上报主管部门派专业人员判断并及时排除故障;塔式起重机在作业中,严禁对传动部分、运动部分以及运动件所及区域做维修、保养、调整等工作。

⑧作业中遇有下列八种情况之一应停止作业:恶劣气候,如大雨、大雪、大雾和大风;塔式起重机出现漏电现象;钢丝绳磨损严重以及扭曲、断股、打结或出槽;钢丝绳在卷筒上出现爬绳、乱绳、啃绳和各层间绳索互相塞挤等情况;安全保护装置失效;传动机构出现异常现象;金属结构部分发生变形;发生其他妨碍作业及影响安全的故障。

⑨驾驶员必须在规定的通道内上下塔式起重机;上下塔式起重机时,不得握持任何物件。

⑩禁止在塔式起重机各个部位乱放工具、零件或杂物,严禁从塔式起重机上向下抛掷物品。

⑪多机作业时,应避免各塔式起重机在回转半径内重叠作业;在特殊情况下,需要重叠作业时,必须有专项安全技术交底。

⑫起升或下降重物时,重物下方禁止有人通行或停留。

⑬驾驶员必须专心操作,作业中不得离开驾驶室或看、听与作业无关的书报、视频和音频等。

⑭塔式起重机运转时,驾驶员不得离开操作位置。

⑮塔式起重机作业时,禁止无关人员上下塔式起重机。

⑯驾驶室内不得放置易燃和妨碍操作的物品,严防触电和火灾;驾驶室的玻璃应保持清洁,不得影响驾驶员的视线。

4. 每班作业后的要求

①当轨道式塔式起重机结束作业后,驾驶员应把塔式起重机停放在不妨碍回转的位置。

②在停止作业后,凡是回转机构带有止动装置或常闭式制动器的塔式起重机,驾驶员必须松开制动器;禁止限制起重臂随风转动。

③动臂式塔式起重机将起重臂放到最大幅度位置;小车变幅塔式起重机把小车开到说明书中规定的位置,并且将吊钩起升到最高点,吊钩上严禁吊挂重物。

④把各控制器拉到零位,切断总电源,收好工具,关好所有门窗并加锁,夜间打开红色障碍指示灯。

⑤凡是在底架以上无栏杆的各个部位做检查、维修、保养和加油等工作时,必须系安全带。

⑥填好当班履历表及各种记录。

⑦锁紧夹轨器。

第八章 塔式起重机驾驶员操作技术

第一节 塔式起重机作业指挥信号

在塔式起重机工作现场,操作人员看不见起重物,或者看不清起吊挂钩情况,或者不知道吊运目标和吊运意图,这就必须看指挥人员的指令工作。可能下面有多人发出指示,那只能明确听一人的指挥。为此,起重机驾驶员与指挥人员之间,应当依照 GB 5082—85《起重吊运指挥信号》的规定,而且双方都应当熟练掌握和遵守这些信号规定,只有这样才能完成起吊作业。

起重机"前进"或"后退"——在指挥语言中,"前进"指起重机向着指挥人员开来,"后退"指起重机离开指挥人员而去。前、后、左、右——在指挥语言中,均以驾驶员所在位置为准。

一、通用手势信号

通用手势信号是各种类型的起重机在施工作业中普遍使用的指挥手势。

1."预备"(注意)

手臂伸直,置于头上方,五指自然伸开,手心朝前保持不动如图 8-1 所示。

2."要主钩"

单手自然握拳,置于头上,轻触头顶,如图 8-2 所示。

图 8-1 "预备"(注意)   图 8-2 "要主钩"

3."要副钩"

一只手握拳,小臂向上不动,另一只手伸出,手心轻触前只手的肘关节,如图 8-3 所示。

4."吊钩上升"

小臂向侧上方伸直,五指自然伸开,高于肩部,以腕部为轴转动,如图8-4所示。

图 8-3 "要副钩"

图 8-4 "吊钩上升"

5."吊钩下降"

手臂伸向侧前下方,与身体夹角约为 30°,五指自然伸开,以腕部为轴转动,如图 8-5 所示。

6."吊钩水平移动"

小臂向侧上方伸直,五指并拢,手心朝外,朝负载应运行的方向,向下挥动到与肩相平的位置,如图 8-6 所示。

图 8-5 "吊钩下降"

图 8-6 "吊钩水平移动"

7."吊钩微微上升"

小臂伸向侧前上方,手心朝上高于肩部,以腕部为轴,重复向上摆动手掌,如图 8-7 所示。

8."吊钩微微下降"

手臂伸向侧前下方,与身体夹角约为 30°,手心朝下,以腕部为轴,重复向下摆动手掌,如图 8-8 所示。

图 8-7 "吊钩微微上升"

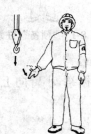

图 8-8 "吊钩微微下降"

9. "吊钩水平微微移动"

小臂向侧上方自然伸出,五指并拢手心朝外,朝负载应运行的方向,重复做缓慢的水平运动,如图8-9所示。

10. "微动范围"

双小臂曲起,伸向一侧,五指伸直,手心相对,其间距与负载所要移动的距离接近,如图8-10所示。

图8-9 "吊钩水平微微移动"

图8-10 "微动范围"

11. "指示降落方位"

五指伸直,指出负载应降落的位置,如图8-11所示。

12. "停止"

小臂水平置于胸前,五指伸开,手心朝下,水平挥向一侧,如图8-12所示。

图8-11 "指示降落方位"

图8-12 "停止"

13. "紧急停止"

两小臂水平置于胸前,五指伸开,手心朝下,同时水平挥向两侧,如图8-13所示。

14. "工作结束"

双手五指伸开,在额前交叉,如图8-14所示。

二、专用手势信号

专用手势信号是具有特殊的起重、变幅、回转机构的起重机单独使用的指挥手势。

图 8-13 "紧急停止"

图 8-14 "工作结束"

1."升臂"

手臂向一侧水平伸直,拇指朝上,余指握拢,小臂向上摆动,如图 8-15 所示。

2."降臂"

手臂向一侧水平伸直,拇指朝下,余指握拢,小臂向下摆动,如图 8-16 所示。

图 8-15 "升臂"

图 8-16 "降臂"

3."转臂"

手臂水平伸直,指向应转臂的方向,拇指伸出,余指握拢,以腕部为轴转动,如图 8-17 所示。

4."微微升臂"

一只小臂置于胸前一侧,五指伸直,手心朝下,保持不动,另一只手的拇指对着前手手心,余指握拢,做上下移动,如图 8-18 所示。

图 8-17 "转臂"

图 8-18 "微微升臂"

5."微微降臂"

一只小臂置于胸前一侧,五指伸直,手心朝上,保持不动,另一只手的拇指对着前手手心,余指握拢,做上下移动,如图 8-19 所示。

6."微微转臂"

一只小臂向前平伸,手心自然朝向内侧,另一只手的拇指指向前只手的手心,余指握拢做转动,如图 8-20 所示。

图 8-19 "微微降臂"

图 8-20 "微微转臂"

7."伸臂"

两手分别握拳,拳心朝上,拇指分别指向两侧,做相斥运动,如图 8-21 所示。

8."缩臂"

两手分别握拳,拳心朝下,拇指对指,做相向运动,如图 8-22 所示。

图 8-21 "伸臂"

图 8-22 "缩臂"

9."履带起重机回转"

一只小臂水平前伸,五指自然伸出不动,另一只小臂在胸前做水平重复摆动,如图 8-23 所示。

10."起重机前进"

双手臂先向前平伸,然后小臂曲起,五指并拢,手心对着自己,做前后运动,如图 8-24 所示。

11."起重机后退"

双小臂向上曲起,五指并拢,手心朝向起重机,做前后运动,如图 8-25 所示。

图 8-23   "履带起重机回转"

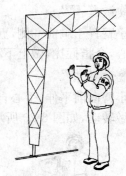

图 8-24   "起重机前进"

12."抓取"(吸取)

两小臂分别置于侧前方,手心相对,由两侧向中间摆动,如图 8-26 所示。

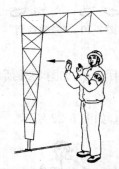

图 8-25   "起重机后退"

图 8-26   "抓取"(吸取)

13."释 放"

两小臂分别置于侧前方,手心朝外,两臂分别向两侧摆动,如图 8-27 所示。

14."翻 转"

一小臂向前曲起,手心朝上,一小臂向前伸出,手心朝下,双手同时进行翻转,如图 8-28 所示。

图 8-27   "释放"

图 8-28   "翻转"

三、船用起重机(或双机吊运)专用手势信号

1."微速起钩"

两小臂水平伸向侧前方,五指伸开,手心朝上,以腕部为轴,向上摆动,如图8-29所示。当要求双机以不同的速度起升时,指挥起升速度快的一方,手要高于另一只手。

2."慢速起钩"

两小臂水平伸向侧前方,五指伸开,手心朝上,小臂以肘部为轴向上摆动。当要求双机以不同的速度起升时,指挥起升速度快的一方,手要高于另一只手,如图8-30 所示。

图 8-29 "微速起钩"

图 8-30 "慢速起钩"

3."全速起钩"

两臂下垂,五指伸开,手心朝上,全臂向上挥动,如图 8-31 所示。

4."微速落钩"

两小臂水平伸向侧前方,五指伸开,手心朝下,手以腕部为轴向下摆动,如图8-32 所示。当要求双机以不同的速度降落时,指挥降落速度快的一方,手要低于另一只手。

图 8-31 "全速起钩"

图 8-32 "微速落钩"

5."慢速落钩"

两小臂水平伸向侧前方,五指伸开,手心朝下,小臂以肘部为轴向下摆动,如图 8-33 所示。当要求双机以不同的速度降落时,指挥降落速度快的一方,手要低于另一只手。

6."全速落钩"

两臂伸向侧上方,五指伸出,手心朝下,全臂向下挥动,如图 8-34 所示。

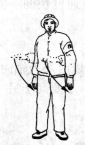

图 8-33 "慢速落钩"　　　　　　图 8-34 "全速落钩"

7."一方停止,一方起钩"

指挥停止的手臂作"停止"手势,指挥起钩的手臂则做相应速度的起钩手势,如图 8-35 所示。

8."一方停止,一方落钩"

指挥停止的手臂作"停止"手势,指挥落钩的手臂则做相应速度的落钩手势,如图 8-36 所示。

四、旗语信号

1."预备"

单手持红绿旗上举,如图 8-37 所示。

2."要主钩"

单手持红绿旗,旗头轻触头顶,如图 8-38 所示。

图 8-35 "一方停止,一方起钩"　　　图 8-36 "一方停止,一方落钩"

3."要副钩"

一只手握拳,小臂向上不动,另一只手拢红绿旗,旗头轻触前只手的肘关节,如图 所示。

4."吊钩上升"

绿旗上举,红旗自然放下,如图8-40所示。

图8-37　"预备"

图8-38　"要主钩"

图8-39　"要副钩"

图8-40　"吊钩上升"

5."吊钩下降"

绿旗拢起下指,红旗自然放下,如图8-41所示。

6."吊钩微微上升"

绿旗上举,红旗拢起横在绿旗上,互相垂直,如图8-42所示。

图8-41　"吊钩下降"

图8-42　"吊钩微微上升"

7."吊钩微微下降"

绿旗拢起下指,红旗横在绿旗下,互相垂直,如图 8-43 所示。

8."升臂"

红旗上举,绿旗自然放下,如图 8-44 所示。

图 8-43　"吊钩微微下降"　　　　　　　图 8-44　"升臂"

9."降臂"

红旗拢起下指,绿旗自然放下,如图 8-45 所示。

10."转臂"

红旗拢起,水平指向应转臂的方向,如图 8-46 所示。

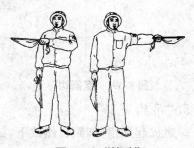

图 8-45　"降臂"　　　　　　　图 8-46　"转臂"

11."微微升臂"

红旗上举,绿旗拢起横在红旗上,互相垂直,如图 8-47 所示。

12."微微降臂"

红旗拢起下指,绿旗横在红旗下,互相垂直,如图 8-48 所示。

13."微微转臂"

红旗拢起,横在腹前,指向应转臂的方向;绿旗拢起,横在红旗前,互相垂直,如图 8-49 所示。

"伸臂"

旗拢起,横在两侧,旗头外指,如图 8-50 所示。

图 8-47 "微微升臂"

图 8-48 "微微降臂"

图 8-49 "微微转臂"

图 8-50 "伸臂"

15."缩臂"

两旗分别拢起,横在胸前,旗头对指,如图 8-51 所示。

16."微动范围"

两手分别拢旗,伸向一侧,其间距与负载所要移动的距离接近,如图 8-52 所示。

图 8-51 "缩臂"

图 8-52 "微动范围"

17."指示降落方位"

单手拢绿旗,指向负载应降落的位置,旗头进行转动,如图 8-53 所示。

18."履带起重机回转"

一只手拢旗,水平指向侧前方,另只手持旗,水平重复挥动,如图 8-54 所示。

19."起重机前进"

两旗分别拢起,向前上方伸出,旗头由前上方向后摆动,如图 8-55 所示。

图 8-53　"指示降落方位"

图 8-54　"履带起重机回转"

20."起重机后退"

两旗分别拢起,向前伸出,旗头由前方向下摆动,如图 8-56 所示。

图 8-55　"起重机前进"

图 8-56　"起重机后退"

21."停止"

单旗左右摆动,另外一面旗自然放下,如图 8-57 所示。

22."紧急停止"

双手分别持旗,同时左右摆动,如图 8-58 所示。

23."工作结束"

两旗举起,在额前交叉,如图 8-59 所示。

图 8-57　"停止"

图 8-58　"紧急停止"

图 8-59　"工作结束"

五、音响信号

　　　　　　符号

　　"　　"表示大于一秒钟的长声符号。

②"●"表示小于一秒钟的短声符号。

③"○"表示停顿的符号。

2. 音响信号

①"预备"、"停止":一长声——

②"上升":二短声●●

③"下降":三短声●●●

④"微动":断续短声●○●○●○●

⑤"紧急停止":急促的长声——

3. 塔式起重机驾驶员使用的音响信号

①"明白"——服从指挥:一短声●

②"重复"——请求重新发出信号:二短声●●

③"注意":长声——

六、起重吊运指挥语言

1. 开始、停止工作的语言(表8-1)

表8-1　开始、停止工作的语言

起重的状态	指挥语言	起重的状态	指挥语言
开始工作	开　始	工作结束	结　束
停止和紧急停止	停　止		

2. 吊钩移动语言(表8-2)

表8-2　吊钩移动语言

吊钩的移动	指挥语言	吊钩的移动	指挥语言
正常上升	上　升	微微上升	上升一点
正常下降	下　降	微微向后	向后一点
微微下降	下降一点	正常向右	向　右
正常向前	向　前	微微向右	向右一点
微微向前	向前一点	正常向左	向　左
正常向后	向　后	微微向左	向左一点

3. 转台回转语言(表8-3)

表8-3　转台回转语言

转台的回转	指挥语言	转台的回转	指挥语言
正常右转	右　转	正常左转	左　转
微微右转	右转一点	微微左转	左转一点

4. 臂架移动语言(表 8-4)

表 8-4　臂架移动语言

臂架的移动	指挥语言	臂架的移动	指挥语言
正常伸长	伸　长	正常升臂	升　臂
微微伸长	伸长一点	微微升臂	升臂一点
正常缩回	缩　短	正常降臂	降　臂
微微缩回	缩短一点	微微降臂	降臂一点

七、信号的配合应用

1. 指挥人员使用音响信号与手势或旗语信号的配合

①在发出二短声●●"上升"音响时,可分别与"吊钩上升"、"升臂"、"伸臂"、"抓取"手势或旗语相配合。

②在发出三短声●●●"下降"音响时,可分别与"吊钩下降"、"降臂"、"缩臂"、"释放"手势或旗语相配合。

③在发出断续短声●○●○●○●"微动"音响时,可分别与"吊钩微微上升"、"吊钩微微下降"、"吊钩水平微微移动"、"微微升臂"、"微微降臂"手势或旗语相配合。

④在发出急促的长声——"紧急停止"音响时,可与"紧急停止"手势或旗语相配合。

⑤在发出一长声——"预备"、"停止"音响信号时,均可与上述未规定的手势或旗语相配合。

2. 指挥人员与驾驶员之间的配合

①指挥人员发出"预备"信号时,要目视驾驶员,驾驶员接到信号在开始工作前,应回答"明白"信号。当指挥人员听到回答信号后,方可进行指挥。

②指挥人员在发出"要主钩"、"要副钩"、"微动范围"手势或旗语时,要目视驾驶员,同时可发出"预备"音响信号,驾驶员接到信号后,要准确操作。

③指挥人员在发出"工作结束"的手势或旗语时,要目视驾驶员,同时可发出"停止"音响信号,驾驶员接到信号后,应回答"明白"信号方可离开岗位。

④指挥人员对起重机械要求微微移动时,可根据需要,重复给出信号。驾驶员应按信号要求,缓慢平稳操控设备。除此以外,如无特殊要求(如船用起重机专□手势信号),其他指挥信号,指挥人员都应一次性给出。驾驶员在接到下一个信□须按原指挥信号要求操控设备。

□□挥人员和塔式起重机驾驶员的要求

□的要求

□应根据 GB 5082—85《起重吊运指挥信号》规定的信号要求与起

重机驾驶员进行联系。

②指挥人员发出的指挥信号必须清晰、准确。

③指挥人员应站在使驾驶员能看清指挥信号的安全位置上；当跟随荷载运行指挥时，应随时指挥荷载避开人员和障碍物。

④指挥人员不能同时看清驾驶员和荷载时，必须增设中间指挥人员以便逐级传递信号，当发现信号传递错误时，应立即发出停止信号。

⑤荷载降落前，指挥人员必须确认降落区域安全后，方可发出降落信号。

⑥当多人绑挂同一荷载时，起吊前，应先做好呼唤应答，确认绑挂无误后，方可由一人负责指挥。

⑦同时用两台起重机吊运同一荷载时，指挥人员应双手分别指挥各台起重机，以确保同步吊运。

⑧在开始起吊荷载时，应先用"微动"信号指挥，待荷载离开地面 100～200mm 并稳妥后，再用正常速度指挥；必要时，在荷载降落前，也应使用"微动"信号指挥。

⑨指挥人员应佩戴鲜明的标志，如标有"指挥"字样的臂章、特殊颜色的安全帽、工作服等。

⑩指挥人员所戴手套的手心和手背要易于辨别。

（2）对塔式起重机驾驶员的要求

①驾驶员必须听从指挥人员指挥，当指挥信号不明时，驾驶员应发出"重复"信号询问，明确指挥意图后，方可操作。

②驾驶员必须熟练掌握 GB 5082—85《起重吊运指挥信号》规定的通用手势信号和有关的各种指挥信号，并与指挥人员密切配合。

③当指挥人员所发信号违反国家标准的规定时，驾驶员有权拒绝执行。

④驾驶员在开车前必须鸣铃示警，必要时，在吊运中也要鸣铃，通知受荷载威胁的地面人员撤离。

⑤在吊运过程中，驾驶员对任何人发出的"紧急停止"信号都应服从。

第二节　塔式起重机驾驶员的操作

一、塔式起重机驾驶员的基本操作

塔式起重机的操作控制台有转换开关控制和联动台控制两种形式。联动台控制是目前新一代塔式起重机上广泛采用的控制装置。

如图 8-60 所示，以 F0/23B 塔式起重机的联动台式控制台为例，介绍控制台的操作方法。

1. 操作方法

①操作控制起升机构。握住右联动操纵杆前推或后拉，可控制吊钩上升或

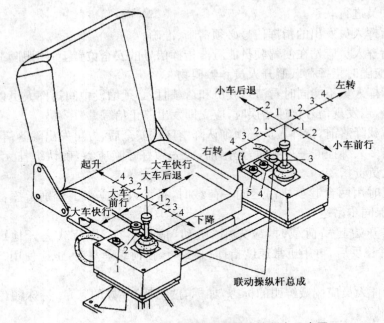

图 8-60   F0/23B 塔式起重机联动式控制台示意图

1. 鸣铃按钮   2. 断电开关   3. 警示灯   4. 变速按钮   5. 回转制动按钮

下降。

②操作控制大车行走机构。握住右联动操纵杆向左右摆动,可控制大车前进或后退。

③操作控制变幅机构。握住左联动操纵杆前推或后拉,可控制小车前行或后退。

④操作控制回转机构。握住左联动操纵杆左右摆动,可控制臂架左右转动。

⑤复合动作。左右联动操纵杆可单独或同时控制不同工作机构动作。

⑥改变工作速度。随着联动操纵杆移动量的增大或减小,相应工作机构电动机的转速也相应地加快或减慢。

⑦切断电源。右联动操纵杆的联动台面上一般都附装一个紧急安全按钮,压下该按钮,便可将电源切断。

⑧回转制动。左联动操纵杆的联动台面上还附装一个回转制动器控制按钮,通过该按钮可对回转机构进行制动。

⑨自动复位。塔式起重机联动控制台均具有自动复位功能(老旧塔式起重机 ⋯动复位功能)。

⋯意事项

⋯向运动时,必须将手柄逐档扳回零位,等机构停稳后,再反向运行。

②回转机构的阻力负载变化范围极大,回转起、止时惯性也大,要注意保证回转机构起、止平稳,减小晃动,严禁打反转。

③操作时,用力不要过猛,操作力应不超过 100N。推荐采用以下值:对于联动操纵杆左右方向的操作,控制在 5~40N 之间;对于前后方向的操作,控制在 8~60N之间。

④可单独操作一个机构,也可同时操作两个机构,视需要而定。在较长时间不操作或停止作业时,应按下停止按钮,切断总电源,防止误动作。遇到紧急情况,也可按下停止按钮,迅速切断电源。

二、塔式起重机驾驶员操作考试实例

1. 起吊水箱定点停放操作

(1)场地要求　QTZ 系列固定式塔式起重机 1 台,起升高度在 20~30m;吊物:水箱 1 个,边长 1000mm×1000nm×1000mm,水面距箱口 200mm,吊钩距箱口 1000mm;平面摆放位置和场地的图形尺寸,如图 8-61 所示和见表 8-5;其他器具:起重吊运指挥信号用红、绿色旗一套,指挥用哨子一只,计时器 1 个及个人防护用品。

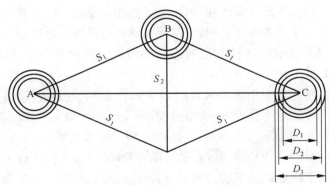

图 8-61　水箱定点停放平面示意图

表 8-5　场地图形的尺寸　　　　　　　　　　　　　　　(m)

起升高度 H	S_1	S_2	D_1	D_2	D_3
20≤H≤30	18.0	13.0	1.7	1.9	2.1
H>30	18.0	13.0	1.8	2.0	2.2

(2)操作要求　驾驶员接到考官发出的指挥信号后,将水箱由 A 位吊起,先后放入 B 圆、C 圆内;再将水箱由 C 处吊起,返回放入 B 圆、A 圆内;最后将水箱由 A 位吊起,直接放入 C 圆内。水箱由各处吊起时均距地面4000mm,每次下降途中准许各停顿 2 次。

完成上述动作,推荐时间为 4min。塔式起重机高度较大、吊索较长,稳定时间应长一些。考试满分为 40 分,扣分标准见表 8-6。

表 8-6 起吊水箱定点停放考试评分标准

序号	扣　分　项　目	扣分值
1	送电前,各控制器手柄未放在零位	5 分
2	作业前,未进行空载运转	5 分
3	回转、变幅和吊钩升降等动作前,未发出音响信号示意	5 分/次
4	水箱出内圆(D_1)	2 分
5	水箱出中圆(D_2)	4 分
6	水箱出外圆(D_3)	6 分
7	洒水	1～3 分/次
8	未按指挥信号操作	5 分/次
9	起重臂和重物下方有人停留、工作或通过,未停止操作	5 分
10	停机时,未将每个控制器拨回零位的,未依次断开各开关,未关闭操纵室门窗	5 分/项

(3)操作步骤 先送电,各仪表正常,空载试运转,无异常,驾驶员接到考官发出的指挥信号后:

①先鸣铃,再根据起重臂所在位置,左手握住左手柄,左(右)扳动使起重臂回转;先将手柄扳到 1 档慢慢开动回转,回转起动后可以逐档地推动操作手柄,加快回转速度;当起重臂距离 A 圆较近时逐档扳回操作手柄至零位,减速回转,使起重臂停止在 A 圆正上方。

②先鸣铃,然后根据小车位置推(拉)左操作手柄使变幅小车前(后)方向移动,将手柄依次逐档地推动,加快变幅速度;当变幅小车离 A 圆较近时,将手柄逐档扳回 1 档;当变幅小车到达 A 圆正上方时,将手柄扳回零位,小车停止移动。

③在左手动作(②步)的同时,右手可以同时动作:右手握住右手柄,前推右手柄落钩,将手柄依次逐档地推动,加快吊钩下降速度;当吊钩离 A 圆水箱较近时,将手柄逐档扳回 1 档,减速下降;当吊钩距水箱约 800mm 高时,将手柄扳回零位,吊钩停止下降。

④在 A 圆内挂好水箱后,先鸣铃,后扳右手柄将水箱吊起,将手柄依次逐档地拉动,加快吊钩上升速度;当水箱离地面接近 4000mm 高时,将手柄逐档扳回 1 档,减速上升,将手柄扳回零位,吊钩停止上升。

⑤先鸣铃,左手握住左手柄向右扳动使起重臂右转,先将手柄扳到 1 档慢慢开动回转,回转起动后可以将手柄依次逐档地推动操作手柄,加快回转速度;当起重臂距离 B 圆较近时,逐档扳回操作手柄至零位,减速回转,使起重臂停止在 B 圆正上方。

⑥先鸣铃,然后向后回拉左操作手柄使变幅小车向后方向移动,将手柄依次

逐档地推动,加快变幅速度;当变幅小车离 B 圆较近时,将手柄逐档扳回 1 档;当变幅小车到达 B 圆正上方时,将手柄扳回零位,小车停止移动。

⑦在左手动作(⑥步)的同时,右手可以同时动作:右手握住右手柄,前推右手柄落勾,将手柄依次逐档地推动,加快水箱下降速度;当水箱离 B 圆较近时,将手柄逐档扳回 1 档,减速下降;当水箱落到地面时,将手柄扳回零位,吊钩停止下降。

⑧重复④、⑤、⑦操作方法把水箱运到 C 圆内,用同样方法将水箱返回放入 B 圆、A 圆内。

⑨最后按④、⑤、⑦步骤将水箱由 A 圆吊起,直接放入 C 圆内。

2. 起吊水箱在标杆区内运行和击落木块操作

(1)场地要求　QTZ 系列固定式塔式起重机 1 台,起升高度在 20m 以上 30m 以下;吊物:水箱 1 个,水箱边长 1000mm×1000mm×1000mm,水面距箱口 200mm,吊钩距桶口 1000mm;标杆 23 根,每根高 2000mm,直径 20～30mm;底座 23 个,每个直径 300mm,厚度 10mm;立柱 5 根,高度依次为 1000、1500、1800、1500、1000mm,均布在 CD 弧上;立柱顶端分别放置 200mm×200mm×200mm 的木块;平面摆放位置和场地的图形尺寸,如图 8-62 所示和表 8-7;其他器具:起重吊运指挥信号用红、绿色旗一套,指挥用哨子一只,计时器 1 个及个人防护用品。

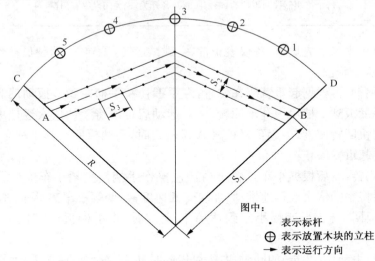

图中:
- •　表示标杆
- ⊕　表示放置木块的立柱
- →　表示运行方向

图 8-62　起吊水箱在标杆区内运行和击落木块示意图

表 8-7　场地图形的尺寸 （m）

起升高度 H	S_1	S_2	S_3	R
20≤H≤30	15.0	2.0	2.5	19.0
H>30	15.0	2.2	2.5	19.0

(2)操作要求　驾驶员接到考官发出的指挥信号后,将水箱由 A 位吊离地面

1000mm,按图示路线在标杆内运行,行至 B 处上方,即反向旋转,并用水箱依次将立柱顶端的木块击落,最后将水箱放回 A 位。在击落木块的运行途中不准开倒车。

完成上述动作,推荐时间为 4min。考试满分为 40 分,扣分标准见表 8-8。

表 8-8　起吊水箱在标杆区内运行和击落木块扣分标准

序号	扣 分 项 目	扣分值
1	送电前,各控制器手柄未放在零位	5 分
2	作业前,未进行空载运转	5 分
3	回转、变幅和吊钩升降等动作前,未发出音响信号示意	5 分/次
4	碰杆	2 分/次
5	碰倒杆	3 分/次
6	碰立柱	3 分/次
7	未击落木块	3 分/个
8	未按指挥信号操作	5 分/次
9	起重臂和重物下方有人停留、工作或通过,未停止操作	5 分
10	停机时,未将每个控制器拨回零位的,未依次断开各开关,未关闭操纵室门窗	5 分/项

(3)操作步骤　先送电,各仪表正常,空载试运转,无异常,驾驶员接到考官发出的指挥信号后:

①先鸣铃,再根据起重臂所在位置,左手握住左手柄左(右)扳动使起重臂回转;先将手柄扳到 1 档慢慢开动回转,回转起动后可以将手柄依次逐档地推动操作手柄,加快回转速度;当起重臂距离 A 位较近时,逐档扳回操作手柄至零位,减速回转,使起重臂停止在 A 位正上方。

②先鸣铃,然后根据小车位置推(拉)左操作手柄使变幅小车前(后)方向移动,起动后将手柄依次逐档地推动,加快变幅速度;当变幅小车离 A 位较近时,将手柄逐档扳回 1 档;当变幅小车到达 A 位上方时,将手柄扳回零位,小车停止移动。

③在左手动作(②步)的同时,右手可以同时动作:右手握住右手柄,前推右手柄落钩,起动后将手柄依次逐档地推动,加快吊钩下降速度;当吊钩离 A 位水箱较近时,将手柄逐档扳回 1 档,减速下降;当吊钩距水箱约 800mm 高时,将手柄扳回零位,吊钩停止下降。

④在 A 位挂好水箱后,先鸣铃,后扳右手柄将水箱吊起,起动后将手柄依次逐档地拉动,加快吊钩上升速度;当水箱离地面接近 1000mm 高时,将手柄逐档扳回 1 档,减速上升,将手柄扳回零位,吊钩停止上升。

⑤先鸣铃,左手握住左手柄向右扳动使起重臂右转,使水箱按图示路线在标杆内运行;回转中当水箱靠近外行标杆时,左手前后调整左手柄使小车慢慢前后移动,使水箱保持在内外两行标杆之间移动;继续右扳左手柄,重复前面的动作,保持水箱在两行标杆之间顺利运行到 B 位。

⑥到达 B 位后,前推左手柄使小车前行至约 4m 处,即左扳左手柄将水箱运行至 1 位,能碰倒其位置上的木块后,继续左扳左手柄,让水箱分别经过 2,3,4,5位置,并用水箱依次将其立柱顶端的木块击落,最后左手柄后扳控制小车向后移至 A 处,同时操作右手柄,下降水箱,将水箱放回 A 位。在击落木块的运行途中不准开倒车。

3. 由考核部门根据起重机不同性能和作业特点,自行命题

主要考核排除常见故障,应急操作,驾驶员在看不见吊物、目标的情况下,按指挥信号进行操作。(满分 20 分)

第九章 塔式起重机的维护、保养和常见故障的排除

第一节 塔式起重机的维护、保养

塔式起重机的维护保养具体分为日常维护保养、月检查保养、定期检修和大修。日常维护保养在每班前后进行，由塔式起重机驾驶员负责完成；月检查保养一般每月进行一次，由塔式起重机驾驶员和修理工负责完成；定期检修一般每年或每次拆卸后安装前进行一次，由修理工负责完成；大修一般运转不超过 1.5 万小时进行一次，由具有相应资质的单位完成。

一、塔式起重机的日常保养

塔式起重机的日常维护保养指每班开始工作前，应当进行检查和维护保养，包括目测检查和功能测试。检查一般应包括以下内容：机构运转情况，尤其是制动器的动作情况；限制与指示装置的动作情况；可见的明显缺陷，包括钢丝绳和钢结构。

检查维护保养可用"清洁、紧固、防腐、调整、润滑"即十字作业法概括，其具体内容和相应要求见表 9-1；有严重情况的应当报告有关人员进行停用、维修或限制性使用等。检查和维护保养情况应当及时记入交接班记录。

表 9-1 塔式起重机日常例行保养的具体内容

序号	项　　目	要　　求
1	基础轨道	班前清除轨道或基础上的冰碴、积雪或垃圾，及时疏通排水沟，清除基础轨道积水，保证排水通畅
2	接地装置	检查接地连线与钢轨或塔式起重机十字梁的连接，应接触良好；埋入地下的接地装置和导线连接处无折断松动
3	行走限位开关和撞块	行走限位开关应动作灵敏、可靠，轨道两端撞块完好无移位
4	行走电缆及卷筒装置	电缆应无破损，清除拖拉电缆沿途存在的钢筋、铁丝等有损电缆胶皮的障碍物，电缆卷筒收放转动正常，无卡阻现象
5	电动机、变速箱、制动器、联轴器、安全罩的连接紧固螺栓	各机构的地脚螺栓、连接紧固螺栓和轴瓦固定螺栓不得松动，否则应及时紧固，更换添补损坏丢失的螺栓。回转支承工作 100 小时和 500 小时检查其预紧力矩，以后每 1 000 小时检查一次

续表 9-1

序号	项 目	要 求
6	齿轮油箱、油质	检查行走、起升、回转和变幅齿轮箱及液压推杆器、液力联轴器的油量,不足要及时添加至规定液面;润滑油变质可提前更换,按润滑部位规定周期更换齿轮油,加注润滑脂
7	制动器	清除制动器闸瓦油污。制动器各连接紧固件无松旷。制动瓦张开间隙适当,带负荷制动有效,否则应紧固调整
8	钢丝绳排列和绳夹	卷筒端绳绳夹紧固牢靠无损伤,滑轮转动灵活,不脱槽、啃绳,卷筒钢丝绳排列整齐不错乱压绳
9	钢丝绳磨损	检查钢丝绳有无断丝变形,钢丝绳直径相对于公称直径减少 7% 或更多时应报废
10	吊钩及防脱装置	检查吊钩是否有裂纹、磨损,防脱装置是否变形、失效
11	紧固金属结构件的螺栓	检查底架、塔身、起重臂、平衡臂及各标准节的连接螺栓有无松动,更换损坏螺栓、增补缺少的螺栓
12	供电电压情况	观察仪表盘电压指示是否符合规定要求,如电压过低或过高(一般不超过额定电压的 ±10%),应停机检查,待电压正常后再工作
13	察听传动机构	试运转,注意察听起升、回转、变幅和行走等机械的传动机构,应无异响或过大的噪声或碰撞现象,应无异常的冲击和振动,否则应停机检查,排除故障
14	电器有无缺相	运转中,听听各部位电器有无缺相声音,否则应停机排查
15	安全装置的可靠性	注意检查起重量限制器、力矩限制器、变幅限位器和行走限位器等安全装置是否灵敏有效,驾驶室的控制显示是否正常,否则应及时报修排除
16	班后检查	清洁驾驶室及操作台灰尘,所有操作手柄应放在零位,拉下照明及室内外设备的开关,总开关箱要加锁,关好窗、锁好门,清洁电动机、减速器及传动机构外部的灰尘,油污
17	夹轨器	夹轨器爪与钢轨紧贴无间隙和松动,丝杠、销孔无弯曲、开裂,否则应报修排除

二、塔式起重机的月检查保养

1. 塔式起重机的月检查

月检查保养每月进行一次,应对以下内容进行一次全面的检查:

①润滑部位的油位、漏油、渗油。

②液压装置的油位、漏油。

③吊钩及防脱装置的可见变形、裂纹、磨损。

④钢丝绳。

⑤结合及连接处的锈蚀情况。

⑥螺栓连接情况。用专用扳手检查标准节连接螺栓,松动时应特别注意接头处是否有裂纹。

　⑦销轴定位情况,尤其是臂架连接销轴。

　⑧接地电阻。

　⑨力矩与起重量限制器。

　⑩制动磨损,制动衬垫减薄、调整装置、噪声等。

　⑪液压软管。

　⑫电气安装。

　⑬基础及附着。

2. 塔式起重机月检查维护保养具体内容和相应要求

月检查维护保养具体内容和相应要求见表 9-2,有严重情况的应当报告有关人员进行停用、维修或限制性使用等。检查和维护保养情况应当及时记入设备档案。

表 9-2　月检查保养内容

序号	项　目	要　求
1	日常维护保养	按日常检查保养项目,进行检查保养
2	接地电阻	接地线应连接可靠,用接地电阻测试仪测量电阻值不得超过 4Ω
3	电动机滑环及电刷	清除电动机滑环架及铜头灰尘,检查电刷应接触均匀,弹簧压力松紧适宜(一般为 0.02MPa),如电刷磨损超过 1/2 时应更换电刷
4	电器元件配电箱	检查各部位电器元件,触点应无接触不良,线路接线应紧固,检查电阻箱内电阻的连接,应无松动
5	电动机接零和电线、电缆	各电动机接零紧固无松动,照明及各电器设备用电线、电缆应无破损、老化现象,否则应更换
6	轨道轨距平直度及两轨水平面	每根枕木道钉不得松动,枕木与钢轨之间应紧贴无下陷空隙,钢轨接头鱼尾板连接螺栓齐全,紧固螺栓合乎规定要求;轨道轨距允许误差应不大于公称值的 1‰,且不宜超过 ±6mm;钢轨接头间隙应不大于 4mm;接头处两轨顶高度差应不大于 2mm;塔式起重机安装后,轨道顶面纵、横方向上的倾斜度,对于上回转塔式起重机应不大于 3‰;对于下回转塔式起重机应不大于 5‰;在轨道顶面的纵向坡度应小于 1‰
7	紧固钢丝绳绳夹	起重、变幅、平衡臂、拉索和小车牵引等钢丝绳两端的绳夹无损伤及松动,固定牢靠
8	润滑滑轮与钢丝绳	润滑起重、变幅、回转和小车牵引等钢丝绳穿绕的动滑轮、定滑轮、张紧滑轮、导向滑轮;每两个月润滑、浸涂钢丝绳一次
9	附着装置	附着装置的结构和连接是否牢固可靠
10	销轴定位	检查销轴定位情况,尤其是臂架连接销轴
11	液压元件及管路	检查液压泵、操作阀、平衡阀及管路,如有渗漏应排除,压力表损坏应更换,清洗液压滤清器

三、塔式起重机的定期检修

1. 塔式起重机的定期检查

塔式起重机每年至少进行一次定期检查,每次安装前后按定期检查要求进行检查,安装后的检查对零部件功能测试应按荷载最不利的位置进行。检查一般应包括以下内容:

①检查月检的全部内容。

②核查塔式起重机的标志和标牌。

③核查使用手册。

④核查保养记录。

⑤核查组件、设备及钢结构。

⑥根据设备表象判断老化状况:传动装置或其零部件松动、漏油;重要零件(如电动机、齿轮箱、制动器和卷筒)连接装置磨损或损坏;明显的异常噪声或振动;明显的异常温升;连接螺栓松动、裂纹或破损;制动衬垫磨损或损坏;可疑的锈蚀或污垢;电气安装处(电缆入口、电缆附属物)出现损坏以及钢丝绳、吊钩按有关规定判断。

⑦额定荷载状态下的功能测试及运转情况:机械,尤其是制动器;限制与指示装置。

⑧金属结构:焊缝,尤其注意可疑的表面油漆龟裂;锈蚀;残余变形;裂缝。

⑨基础与附着。

2. 塔式起重机定期检查维护保养具体内容和相应要求

定期检修具体内容和相应要求见表9-3。有严重情况的应当报告有关人员进行停用、维修或限制性使用等,检查和维护保养情况应当及时记入设备档案。

表 9-3　定期检查保养内容

序号	项　　目	要　　求
1	月检查保养	按月检查保养项目,进行检查保养
2	核查塔式起重机资料、部件	核查塔式起重机的标志和标牌,检查核实塔式起重机档案资料是否齐全、有效,部件、配件和备用件是否齐全
3	制动器	塔式起重机各制动闸瓦与制动带片的铆钉头埋入深度小于 0.5mm 时,接触面积应不小于 70%,制动轮失圆或表面痕深大于 0.5mm 时应修圆;制动器磨损,必要时拆检更换制动瓦(片)
4	减速齿轮箱	揭盖清洗各机构减速齿轮箱,检查齿面,如有断齿、啃齿、裂纹及表面剥落等情况,应拆检修复;检查齿轮轴键和轴承径向间隙,如轮键松旷、径向间隙超过 0.2mm 应修复;调整或更换轴承,轮轴弯曲超过 0.2mm 应校正;检查棘轮棘爪装置,排除轴端渗漏、更换齿轮油并加注至规定油面。生产厂有特殊要求的,按厂家说明书要求进行

续表 9-3

序号	项　目	要　求
5	开式齿轮啮合间隙、传动轴弯曲和轴瓦磨损	检查开式齿轮,啮合侧向间隙一般不超过齿轮模数的30%,齿厚磨损不大于节圆理论齿厚的20%;轮键不得松旷;各轮轴变径倒角处无疲劳裂纹,轴的弯曲不超过0.2mm;滑动轴承径向间隙一般不超过0.4mm,如有问题应修理更换
6	滑轮组	滑轮槽壁如有破碎裂纹或槽壁磨损超过原厚度的20%,绳槽径向磨损超过钢丝绳直径的25%,滑轮轴颈磨损超过原轴颈的2%时,应更换滑轮及滑轮轴
7	行走轮	行走轮与轨道接触面如有严重龟裂、起层、表面剥落和凸凹沟槽现象,应修换
8	整机金属结构	对钢结构开焊、开裂、变形的部件进行更换,更换损坏、锈蚀的连接紧固螺栓,修理钢丝绳固定端已损伤的套环、绳卡和固定销轴
9	电动机	电动机转子、定子绝缘电阻在不低于0.5MΩ时,可在运行中干燥;铜头表面烧伤有毛刺应修磨平整,铜头云母片应低于铜头表面0.8～1mm;电动机轴弯曲超过0.2mm应校正;滚动轴承径向间隙超过0.15mm时应更换
10	电器元件和线路	对已损坏、失效的电器开关、仪表、电阻器、接触器以及绝缘不符合要求的导线进行修换
11	零部件及安全设施	配齐已丢失损坏的油嘴、油杯;增补已丢失损坏的弹簧垫、联轴器缓冲垫、开口销、安全罩等零部件;塔式起重机爬梯的护圈、平台、走道、踢脚板和栏杆如有损坏,应修理更换
12	防腐喷漆	对塔式起重机的金属结构,各传动机构进行除锈、防腐和喷漆
13	整机性能试验	检修及组装后,按要求进行静、动荷载试验,并试验各安全装置的可靠性,填写试验报告

四、塔式起重机的大修

塔式起重机经过一段时间的运转后应进行大修,大修间隔最长不应超过15000小时。大修应按以下要求进行:

①起重机的所有可拆零件全部拆卸、清洗、修理或更换(生产厂有特殊要求的除外)。

②更换润滑油。

③所有电动机拆卸、解体和维修。

④更换老化的电线和损坏的电气元件。

⑤除锈、涂漆。

⑥对拉臂架的钢丝绳或拉杆进行检查。

⑦起重机上所用仪表按有关规定维修、校验和更换。

⑧大修出厂时,塔式起重机应达到产品出厂时的工作性能,并应有监督检验

证明。

五、塔式起重机的润滑

为保证塔式起重机正常工作,应经常检查塔式起重机各部位的润滑情况,做好周期润滑工作,按时添加或更换润滑剂。塔式起重机润滑部位及周期参照表9-4进行。生产厂有特殊要求的,应按厂家说明书要求。

表 9-4　塔式起重机润滑部位及周期

序号	润滑部位名称	润滑油种类	润滑方法
1	起升机构制动器	＋40℃～＋20℃:20 号机械油 443—64; ＋20℃～0℃:10 号变压器油 SYBB51—62; 0℃～−15℃:25 号变压器油 SYB1351—62; −15℃～−30℃仪表油 GB 487—65; 低于−30℃:酒精及甘油混合体	每工作 56 小时用油壶加油一次
2	起升机构变速箱	冬季:HL15 齿轮油; 夏季:HL20 齿轮油	新减速机在运转 200～300 小时后,应进行第一次换油,之后每运行 5 000 小时应更换新油
3	所有滚动轴承(除电动机内轴承)	ZGⅢ钙基润滑脂	每工作 160 小时适当加油,每半年清除一次
4	全部电动机轴承	冬季:ZG—Ⅱ钙基润滑脂; 夏季:ZG—Ⅴ钙基润滑脂	每工作 1 500 小时换油一次
5	全部钢丝绳	石墨润滑脂	每大、中修时油煮
6	所有滑轮(包括塔顶滑轮)	冬季:ZG—Ⅱ钙基润滑脂; 夏季:ZG—Ⅴ钙基润滑脂	每班加油
7	小车牵引机构减速机,回转机构行星机构减速机	锂基润滑脂	初运行两个月加注一次润滑脂,以后根据使用情况 3～4 个月加注一次
8	回转机构开式齿轮,外齿圈上下座圈跑道	冬季:ZG—Ⅱ钙基脂; 夏季:ZG—Ⅴ钙基脂	每工作 56 小时涂抹和压注一次
9	液压油箱	夏季:YB—N32 或 N46 液压油; 冬季:YB—N22 液压油	塔式起重机拆装一次检查油液情况,必要时更换新油

对于长时间不使用的起重机,应当对起重机各部位做好润滑、防腐、防雨处理后停放好,并每年做一次检查。

第二节　塔式起重机常见故障的排除

塔式起重机在使用过程中发生故障,主要是由于工作环境恶劣、维护保养不及时、操作人员违章作业和零部件的自然磨损等多方面原因所致。塔式起重机发生异常时,操作人员应立即停止操作,及时向有关部门报告,及时处理,消除隐患,排除故障后恢复正常工作。

塔式起重机常见的故障一般包括金属结构、钢丝绳和滑轮、工作机构、液压系统、电气设备等方面;在塔式起重机运行中,一般液压系统、电气设备等方面的故障较多。

一、塔式起重机金属结构常见故障及排除方法(表9-5)

表9-5　塔式起重机金属结构常见故障及排除方法

故障现象	故障原因	排除方法
焊缝和母材开裂	超载严重,工作过于频繁产生比较大的疲劳应力,焊接不当或钢材存在缺陷等	严禁超负荷运行,经常检查焊缝,更换损坏的结构件
构件变形	密封构件内有积水,严重超载,运输吊装时发生碰撞,安装拆卸方法不当	要经过校正后才能使用;但对受力结构件,禁止校正,必须更换
高强度螺栓连接松动	预紧力不够	定期检查,紧固
销轴退出脱落	开口销未打开	检查,打开开口销

二、塔式起重机钢丝绳和滑轮常见故障及排除方法(表9-6)

表9-6　塔式起重机钢丝绳和滑轮常见故障及排除方法

故障现象	故障原因	排除方法
钢丝绳磨损太快	钢丝绳滑轮磨损严重或者无法转动	检修或更换滑轮
	滑轮绳槽与钢丝绳直径不匹配	调整使之匹配
	钢丝绳穿绕不准确、啃绳	重新穿绕、调整钢丝绳
钢丝绳经常脱槽	滑轮偏斜或移位	调整滑轮安装位置
	钢丝绳与滑轮不匹配	更换合适的钢丝绳或滑轮
	防脱装置不起作用	检修钢丝绳防脱装置
滑轮不转及松动	滑轮缺少润滑,轴承损坏	经常保持润滑,更换损坏的轴承

三、塔式起重机工作机构常见故障及排除方法

1. 起升机构常见故障及排除方法（表 9-7）

表 9-7　起升机构常见故障及排除方法

故障现象	故障原因		排除方法
卷扬机构声音异常	接触器缺相或损坏		更换接触器
	减速机齿轮磨损、啮合不良，轴承破损		更换齿轮或轴承
	联轴器连接松动或弹性套磨损		紧固螺栓或更换弹性套
	制动器损坏或调整不当		更换或调整刹车
	电动机故障		排除电气故障
吊物下滑（溜钩）	制动器刹车片间隙调整不当		调整间隙
	制动器刹车片磨损严重或有油污		更换刹车片，清除油污
	制动器推杆行程不到位		调整行程
	电动机输出转矩不够		检查电源电压
	离合器片破损		更换离合器片
制动副脱不开	闸瓦式	制动器液压泵电动机损坏	更换电动机
		制动器液压泵损坏	更换液压泵
		制动器液压推杆锈蚀	修复或更换液压杆
		机构间隙调整不当	调整机构的间隙
		制动器液压泵油液变质	更换新油
	盘式	间隙调整不当	调整间隙
		刹车线圈电压不正常	检查线路电压
		离合器片破损	更换离合器片
		刹车线圈损坏或烧毁	更换线圈

2. 回转机构常见故障及排除方法（表 9-8）

表 9-8　回转机构常见故障及排除方法

故障现象	故障原因	排除方法
回转电动机有异响，回转无力	液力耦合器漏油或油量不足	检查安全易熔塞是否熔化，橡胶密封件是否老化等；按规定补充油液
	液力耦合器损坏	更换液力耦合器
	减速机齿轮或轴承破损	更换损坏齿轮或轴承
	液力耦合器与电动机连接的胶垫破损	更换胶垫
	电动机故障	查找电气故障

续表 9-8

故障现象	故障原因	排除方法
回转支承有异响	大齿圈润滑不良	加油润滑
	大齿圈与小齿轮啮合间隙不当	调整间隙
	滚动体或隔离块损坏	更换损坏部件
	滚道面点蚀、剥落	修整滚道
	高强螺栓预紧力不一致,差别较大	调整预紧力
臂架和塔身扭摆严重	减速机故障	检修减速机
	液力耦合器充油量过大	按说明书加注
	齿轮啮合或回转支承不良	修整相关部件

3. 变幅机构常见故障及排除方法(表 9-9)

表 9-9　变幅机构常见故障及排除方法

故障现象	故障原因	排除方法
变幅有异响	减速机齿轮或轴承破损	更换
	减速机缺油	查明原因,检修加油
	钢丝绳过紧	调整钢丝绳松紧度
	联轴器弹性套磨损	更换弹性套
	电动机故障	查找电气故障
	小车滚轮轴承或滑轮破损	更换轴承
变幅小车滑行和抖动	钢丝绳未张紧	重新适度张紧
	滚轮轴承润滑不好,运动偏心	润滑轴承
	轴承损坏	更换轴承
	制动器损坏	经常加以检查,修复更换
	联轴器连接不良	调整、更换
	电动机故障	查找电气故障

4. 行走机构常见故障及排除方法(表 9-10)

表 9-10　行走机构常见故障及排除方法

故障现象	故障原因	排除方法
运行时啃轨严重	轨距铺设不符合要求	按规定误差调整轨距
	钢轨规格不匹配,轨道不平直	按标准选择钢轨,调整轨道
	台车框轴转动不灵活,轴承润滑不好	经常润滑
	台车电动机不同步	选择同型号电动机,保持转速一致

续表 9-10

故障现象	故障原因	排除方法
驱动困难	啃轨严重,阻力较大,轨道坡度较大	重新校准轨道
	轴套磨损严重,轴承破损	更换轴承、轴套
	电动机故障	查找电气故障
停止时晃动过大	延时制动失效,制动器调整不当	调整制动器

四、塔式起重机液压系统常见故障及排除方法

塔式起重机液压系统常见故障包括液压油油温过高、产生噪声、油缸爬行、油压不足或无压等,产生上述故障的原因分别见表 9-11、表 9-12、表 9-13 和表 9-14。

表 9-11 液压油油温过高的原因和排除方法

产生原因	排除方法
液压泵效率低,其容积、压力和机械损失较大,因而转化为热量较多	选择性能良好的、适用的液压泵
系统沿途压力损失大,局部转化为热量	各种控制阀应在额定流量范围内,管路应尽量短,弯头要大,管径要按允许流速选取
系统泄漏严重,密封损坏	油的黏度要适当,过滤要好,元件配合要好,减少零件磨损
回路设计不合理,系统不工作时油经溢流阀回油	不工作时,应尽量采用卸荷回路,用三位四通阀
油箱本身散热不良,容积过小,散热面积不足;或储油量太少,循环过快	油箱容积应按散热要求设计制作,若结构受限,要增添冷却装置;储油量要足

表 9-12 产生噪声的原因和排除方法

产生原因	排除方法
系统吸入空气,油箱中油量不足,油量过低,油管侵入太短,吸油管与回油管靠得太近,或中间未加隔板,密封不严,不工作时有空气渗入	加足油量,油管侵入油面要有一定深度,吸油管与回油管之间要用隔板隔开,利用排气装置,快速全行程往返几次排气
齿轮泵齿形误差大,泵的轴向间隙磨损大	两齿轮对研,啮合接触面应达到齿长的 65%,修磨轴向间隙
液压泵与电动机安装不同轴,换向过快,产生液压冲击	重新安装联轴节,要求同轴度小于 $\phi0.1mm$,手动换向阀要合适掌握,使换向平稳
油液中脏物堵塞阻尼小孔,弹簧变形、卡死、损坏	清洗换油,疏通小孔,更换弹簧

表 9-13　油缸爬行的原因和排除方法

产　生　原　因	排　除　方　法
空气进入系统,油液不干净,滤油器不定期清洗,不按时换油	定期检查清洗,定期更换油液
运动件间摩擦阻力太大,表面润滑不良,零件的形位误差过大	改进设计,提高加工质量
液压油缸内表面磨损,液体内部串腔	修磨液压缸,检修
压力不足或无压力	提高回油背压

表 9-14　液压油油压不足的原因和排除方法

产　生　原　因	排　除　方　法
液压泵反转或转速未达要求,零件损坏,精度低,密封不严,间隙过大或咬死,液压泵吸油管阻力大或漏气	检查、修正、修复和更换相关零部件
液压缸动作不正常,漏油明显,活塞或活塞杆密封失效,杂物、金属屑损伤滑动面,缸内存在空气,活塞杆密封压得过紧,溢流阀被污物卡住处于溢流状态	排气,减少压紧力;清洗,更换阀芯、阀座;对溢流阀位做调整
其他管路、节流小孔、阀口被污物堵塞,密封件损坏致使密封不严,压力油腔或回油腔串油	清理疏通,修复更换相关零部件

五、塔式起重机电气系统常见故障及排除方法(表 9-15)

表 9-15　塔式起重机电气系统常见故障及排除方法

序号	故障现象	检查办法	故障产生的可能原因	排　除　办　法
1	通电后电动机不转	观察	1. 定子回路某处中断; 2. 保险丝熔断,或过热保护器、热继电器动作	1. 用万用表查定子回路; 2. 检查熔断器、过热保护器、热继电器的整定值
2	电动机不转,并发出"嗡嗡"响声	听声	1. 电源线断了一相; 2. 电动机定子绕组断相; 3. 某处受卡; 4. 负载太重	1. 万用表查各项; 2. 万用表量接线端子; 3. 检查传动路线; 4. 减小负荷
3	旋转方向不对	观察	接线相序不对	任意对调两电源线相序
4	电动机运转时声音不正常	听声	1. 接线方法错误; 2. 轴承摩擦过大; 3. 定子硅钢片未压紧	1. 改正接线方法; 2. 更换轴承; 3. 压紧硅钢片
5	电动机发热过快,温度过高	1. 手摸; 2. 温度计量; 3. 闻到烧焦味	1. 电动机超负荷运行; 2. 接线方法不对; 3. 低速运行太久; 4. 通风不好; 5. 转子与定子摩擦	1. 减轻负荷; 2. 检查接线方法; 3. 严格控制低速运行时间; 4. 改善通风条件; 5. 检查间隙,更换轴承

续表 9-15

序号	故障现象	检查办法	故障产生的可能原因	排 除 办 法
6	电动机局部发热	1. 手摸； 2. 温度计量； 3. 闻到烧焦味	1. 断相； 2. 绕阻局部短路； 3. 转子与定子摩擦	1. 检查各相电流； 2. 检查各相电阻； 3. 检查间隙、更换轴承
7	电动机满载时达不到全速	转速表测量	1. 转子回路中接触不良或有断线处； 2. 转子绕组焊接不良	1. 检查导线、电刷、控制器和电阻器，排除故障； 2. 拆开电动机找出断线处焊好
8	电动机转子功率小，传动沉重	观察 听声	1. 制动器调得过紧； 2. 机械卡阻； 3. 转子电路、所串电阻不完全对称； 4. 电路电压过低； 5. 转子或定子回转中接触不良	1. 适当松开制动器； 2. 排除卡阻的因素； 3. 检查各部分的接触情况； 4. 检查电源电压； 5. 检查各接触端子
9	操纵停止时，电动机停不了	观察	控制器（或接触器）触点放电或弧焊熔结及其他阻碍触头跳不动	检查控制器、接触器触头的间隙，清理或更换触头
10	滑环与电刷之间产生电弧火花	观察	1. 电动机超负荷； 2. 滑环和电刷表面太脏； 3. 滑环不正，有偏斜	1. 减少荷载； 2. 清除脏物，调节电刷压力； 3. 校正滑环
11	电刷磨损太快	观察	1. 弹簧压力过大； 2. 滑环表面摩擦面不良； 3. 型号选择不当	1. 调节压力； 2. 研磨滑环； 3. 更换电刷型号
12	控制器扳不动或转不到位	拨动控制器	1. 定位机构有毛病； 2. 凸轮有卡阻现象	1. 修理触头； 2. 排除卡阻因素
13	控制器通电时电动机不转	观察	1. 控制器触头没接通； 2. 控制器接线不良	1. 修理触头； 2. 检查各接线头
14	控制器接通时过电流继电器动作	观察	1. 控制器里有脏物，使邻近触点短接； 2. 导线绝缘不良，被击穿短路； 3. 触头与外壳短接	1. 除尘去脏； 2. 加敷绝缘； 3. 矫正触头位置
15	电动机只能单方向运转	观察	1. 反向控制器触头接触不良； 2. 控制器中传动机构有毛病或反向交流接触器有毛病	1. 修理触头； 2. 检查反向交流接触器

续表 9-15

序号	故障现象	检查办法	故障产生的可能原因	排除办法
16	控制器已拨到最高档电动机还达不到应有的速度	转速表测量	1. 控制器与电阻间的连接线串线； 2. 控制器传动部分或电阻器有毛病	1. 按图正确接线； 2. 检查控制器和电阻器
17	制动电磁铁有很大的噪声	听声	1. 衔铁表面太脏，造成间隙过大； 2. 硅钢片未压紧； 3. 电压太低	1. 清除脏物，减小间隙； 2. 压紧硅钢片； 3. 电压低于 5%，应停止工作
18	接触器有噪声	听声	1. 衔铁表面太脏； 2. 弹簧系统歪斜	1. 清除工作表面； 2. 纠正偏斜、消除间隙
19	通电时，接触器衔铁掉不下来	观察	1. 接触器安放位置不垂直； 2. 运动系统卡阻	1. 垂直安放接触器； 2. 检修运动系统
20	总接触器不吸合	观察	1. 控制器手柄不在中位； 2. 线路电压过低； 3. 过电流继电器或热继电器动作； 4. 控制电路熔断器熔断； 5. 接触器线圈烧坏或熔结； 6. 接触器机械部分有毛病	逐项查找并排除
21	配电盘刀闸开关合上时，控制电路中就烧保险	用绝缘电阻表或万用表测控制电路	控制电路中某处短路	排除短路故障
22	主接触器一通电，过电流继电器就跳闸	用绝缘电阻表或万用表测控制电路	电路中有短路的地方	排除短路故障
23	各个机构都不动作	用电压表测量电路电压	1. 线路无电压； 2. 引入线折断； 3. 保险丝熔断	1. 检修电源； 2. 万用表查电路； 3. 更换保险丝
24	限位开关不起作用	观察	1. 限位开关内部或回路短路； 2. 限位开关控制器的线接错	1. 排除短路故障； 2. 恢复正确接线

续表 9-15

序号	故障现象	检查办法	故障产生的可能原因	排 除 办 法
25	正常工作时,接触器经常断电	观察	1. 接触器辅助触头压力不足; 2. 互锁、限位、控制器接触不良	1. 修复触头; 2. 检查有关电器,使回路通畅
26	安全装置失灵	观察	1. 限位开关弹簧日久失效; 2. 运输中碰坏限位器; 3. 电路接线错误	1. 更换或修理电刷; 2. 检修集电环; 3. 更换或修理电刷弹簧
27	集电环供电不稳	观察	电刷与滑环接触不良	1. 更换或修理电刷; 2. 检修集电环; 3. 更换或修理电刷弹簧

第十章 塔式起重机的事故
原因和防范措施

塔式起重机常见事故类型包括:倾翻事故,即塔身整体倾倒(倒塔)或塔式起重机起重臂、平衡臂和塔帽倾翻坠地等事故;断(折)臂事故,即塔式起重机起重臂或平衡臂折弯、严重变形或断裂等事故;脱、断钩事故,即起重吊具从吊钩脱出或吊钩脱落、断裂等事故;断绳事故,即起升、变幅钢丝绳破断等事故;滑钩,即吊在空中的重物突然下滑坠落等。

在塔式起重机安装、使用和拆卸过程中,还经常发生安装拆卸及维修人员从塔身、臂架等高处坠落的事故;吊物散落发生物体打击事故;吊物或起重钢丝绳等碰触输电线路发生触电事故;塔式起重机臂架碰撞、挤压发生起重伤害事故等。

第一节 倒塔事故和断臂事故发生原因和防范措施

塔式起重机整体翻倒事故称为倒塔。倒塔和断臂往往会伴随发生,是危害性极大的建筑安装事故,一旦发生就会造成无法弥补的生命和财产的重大损失。

一、倒塔事故和断臂事故的主要原因

倒塔事故主要原因包括地基基础、安装、顶升、拆卸、附着、使用、维护、操作、管理、意外暴风袭击、制造质量和设计缺陷等方面的问题,其中使用、操作、安装和拆卸不当是常见的直接原因。

1. 地基基础引发倒塔的事故原因

①地基设在沉降不均的地方,或者地基没有夯实就浇混凝土,地基发生局部下沉;拼装式基础水泥块与地基之间留有空穴,如图 10-1 所示。

②地基靠近边坡,尤其是在有地下室的建筑物,基础距离开挖坑边太近,在暴风雨后,容易滑坡倒塔。

③虽然基础打下了桩,但桩下挖得太空,实际有些桩没多少承载能力,局部塌陷而倒塔。

④混凝土基础浇灌不合要求,配比不对,达不到抗拉强度,提早破裂;地脚螺栓松脱;基础浇灌后,没注意对混凝土的养护,没及时浇水降温,造成基础内部被浇坏,达不到强度要求;基础浇灌后,时间太短就使用,混凝土达不到强度要求,满足不了荷载的要求;地脚螺栓钩内没穿插横杆,螺栓拉力传不出去,引起钩头局部混凝土破坏。

⑤有的塔式起重机用埋入半个钢架作基础,重复使用时不是用螺栓连接,而是将地上地下部分用气割割开又对焊上,容易发生焊缝开裂,或产生脆性疲劳断裂而倒塔。

⑥行走式塔式起重机压重平衡稳定储备量不足,在超载情况下易于发生倾翻倒塔。

⑦行走式塔式起重机,下班后忘记锁夹轨器,晚上突遭风暴袭击而倒塔。

⑧行走式塔式起重机轨道铺设不符合质量要求。

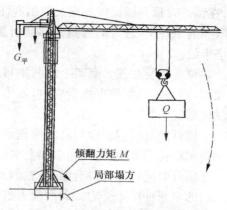

图 10-1　地基局部下沉引起倒塔

2. 安装、顶升、附着、拆卸引发倒塔的事故原因

①不按正确的安装和拆卸顺序。正确的安装顺序是先安装平衡臂,再装 1～2 块平衡重,然后才能安装起重臂,最后再安装平衡重,这样使塔式起重机在空载状态时有后倾力矩。如果不按上述顺序安装,就会引发倒塔事故。反之在拆塔时,一定要先拆平衡重,并且留 1～2 块平衡重不拆,然后才能拆起重臂,最后再拆留下的平衡重和平衡臂。如果不按上述拆卸顺序操作就会倒塔,如图 10-2 所示。

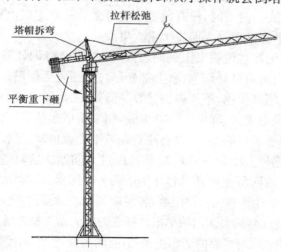

图 10-2　未拆平衡重先拆起重臂引起倒塔

②顶升时顶升横梁没搭好,有一头只搭上一点点,或者只搭在爬爪的槽边上,当顶升到一定高度后发生单边脱落,造成整个塔身上部倾斜,有时就导致倒塔;设置球形油缸支座的顶升横梁,没有防横向倾斜的保险销,或者有保险销也没有用

上;在顶升时顶升横梁向外翻又没引起注意,结果导致顶升横梁横向弯曲,在得不到限制的条件下,过大的弯曲变形会引起顶升横梁端部从爬爪的槽内脱出,造成倒塔事故。

③顶升时装在顶升套架上的两块自动翻转卡板没有可靠地搭在标准节爬爪的顶部,当油缸回缩使卡板受力时,发生单边脱落,造成单边受力而使顶部倾斜,引发倒塔。

④顶升油缸行程长度与套架滚轮布置不相配,当油缸全行程伸出时,套架上部滚轮超出标准节顶端,从而引起上部倾斜,导致倒塔。

⑤顶升时回转机构没有制动,在偶然的风力作用下臂架发生回转,致使套架引入门的主弦杆单边受力太大而失去稳定,导致上部倾斜而倒塔。

⑥顶升套架下面的滚轮距离太短,含入量太短,在不平衡力矩作用下,引起滚轮轮压太大,标准节主弦杆在轮压作用下局部弯曲,导致上部倾斜而倒塔。

⑦顶升时没有注意把小车开到足够远处,或者没有吊一个标准节来调节上部的重心位置,使上部重心偏离油缸轴线太远,导致滚轮的局部轮压太大,使主弦杆局部弯曲而倾斜。

⑧液压顶升在套架已顶起一定高度后系统突然发生故障,造成上不能上,下不能下,而作业人员缺乏经验,无法及时排除,停留过久,遇到过大的风力,容易引发倒塔。

⑨塔式起重机安装附着时,没有设置结实可靠的附着支点,当附着架受力时,把支点毁坏,导致上部变形过大而发生重大事故。

⑩附着距离远远超过说明书上的附着距离时,不经咨询计算,随意增加附着杆的长度,结果导致附着杆局部失稳,上部变形过大而发生倒塔。

⑪塔式起重机超高使用,不经咨询计算,随意增加附着高度,在高空恶劣的风力条件下,因附加风力太大,而发生附着失效,引发倒塔事故。

⑫在拆塔和降塔时粗心大意,没有注意调节平衡就拆除回转下支座与标准节的连接螺栓,结果同样会引发顶升时局部轮压过大问题。这时进行起吊,结果导致发生顶部倾斜。前面所述顶升时容易倒塔的各种因素,在拆塔时同样存在。

⑬降塔时由于受建筑物的条件限制,容易碰到别的障碍物。轻易开动回转来避开障碍物,很容易造成套架引入门的单根弦杆受力过大而失稳倒塔。

⑭在安装中,销轴没有可靠的防窜位措施,有的用铁丝、钢筋代替开口销,日久因锈蚀而发生脱落,销轴失去定位而窜动脱落,导致重大的倒塔事故。

⑮安装和拆卸中丢失高强螺栓,不按原规格购买补充而是随意就近购买普通螺栓代用,结果因强度不够而发生断裂,导致倒塔。

3. 使用、维护、管理不当引起倒塔的事故原因

(1)力矩限制器失效、失调　在力矩限制器失效、失调的情况下超载作业是倒塔事故最直接的原因,力矩限制器失灵没有被及时发现,实际起重力矩早已超过额定起重力矩时水平变幅小车还在往外移动,造成倒塔或折臂而失去平衡,再引发倒塔。

(2)过大的起重力矩 力矩限制器没有调好或失灵的情况下,在不知道重物质量的情况下大幅度起吊重物,造成严重超过额定起重力矩而折臂、倒塔。

(3)过大的横向弯矩 斜拉、侧拉起吊重物使起重臂产生过大的横向弯矩,起重臂下弦杆很容易局部弯曲,从而发生折臂。根部折臂会失去前倾力矩,引起平衡重后倾往下砸,打坏塔身而倒塔,如图 10-3 所示。

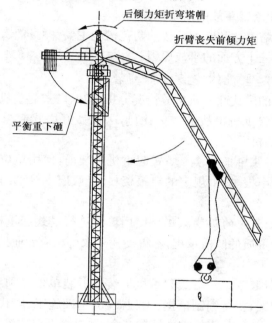

图 10-3 起重臂根部折断引发后倾倒塔

(4)塔吊使用不当 用塔吊拔起物件,导致塔吊和起升机构受到较大的惯性冲击,折断起重臂而倒塔。

(5)回转操作不当 在有障碍物的场合下操作回转,快接近障碍物时紧急停车,因惯性太大,横向冲击砸坏起重臂,失去平衡引发倒塔。

(6)连接件使用不当 在塔式起重机安装起重臂各节连接过程中,因销轴敲击过重而冲坏卡板的焊缝导致销轴滑脱,或销轴卡板螺钉不用弹簧垫,松脱或未装开口销,造成起重臂突然折断而引起倒塔。

(7)塔吊失修 臂架下弦杆导轨磨损锈蚀严重,塔式起重机零部件储存运输不当,造成杆件局部弯曲,失去原有的承载能力,造成薄弱处折臂而倒塔。

(8)钢结构疲劳 塔式起重机使用多年,钢结构及焊缝易产生疲劳、变形、裂纹、开焊。易发生疲劳的部位主要有:基础节与底梁的连接处,斜撑杆与标准节的连接处,塔身变截面处,回转支承的上下支座,回转塔架和臂架接头处的三角挡板。

(9)钢丝绳断裂　造成钢丝绳断裂的原因有:钢丝绳断丝、断股超过规定标准;未设置滑轮防脱绳装置或装置损坏,钢丝绳脱槽被挤断;高度限位失效,吊钩碰小车横梁拉断钢丝绳;起重量限制器失效,超载起吊。

(10)其他安全装置失效　如制动器、回转限位、变幅限位、大车行走限位等损坏、拆除或失灵。

二、倒塔事故和断臂事故的防范措施

塔式起重机倒塔事故和断臂事故的防范措施主要针对拆装、使用和塔式起重机本身的质量问题三个方面的事故原因。

1. 加强塔式起重机的安装和拆卸管理

从近几年报道的塔式起重机事故情况分析可知,塔式起重机拆装过程中发生的事故占到了塔式起重机事故的较大比例,因此做好塔式起重机拆装环节的管理,是确保塔式起重机安全的关键。

(1)认真办理拆装申报手续　塔式起重机拆装前,使用单位应按规定向政府有关主管部门进行申报,提供规定的申报资料,经政府主管部门审查批准后方可进行拆装。

(2)选择有相应资质的拆装队伍　使用单位进行塔式起重机拆装工作,必须选择具有相应专业资质的队伍承担,不得委托未取得相应专业拆装资质的单位进行塔式起重机拆装工作。

(3)认真编制拆装方案　塔式起重机拆装前拆装单位必须编制详细的、切实可行的拆装施工方案,要将编制依据、工程概况、基础施工、塔式起重机安装和安全措施等内容写入方案,且审核批准签署齐全,并报委托单位批准后执行。

(4)进行安全技术交底　塔式起重机拆装作业前拆装单位还应认真向全体施工人员进行安全技术交底,且要办理安全技术交底确认手续。

(5)严格按拆装程序拆装　在拆装作业过程中,拆装人员必须根据不同型号规格塔式起重机的具体要求,严格按拆装程序作业,以防造成安全事故。

(6)做好拆装设备的选用　塔式起重机拆装前,应根据施工现场情况及最大结构件的质量、安装高度等选择相应的起重设备。

(7)做好拆装现场的安全防护措施　在拆装现场设立警戒标志,设置安全标语,配备安全员负责现场安全工作。

(8)及时办理验收手续和准用证　塔式起重机安装完成后,必须及时请政府主管部门进行现场验收,颁发《准用证》。

(9)记录好拆装档案　使用单位要将塔式起重机的拆装技术资料按规定整理

记入设备管理档案。

2. 加强塔式起重机的使用管理

使用管理是设备管理的重要环节，是保证在用机械设备始终处于良好的技术状态，确保设备安全运行的关键。

①建立塔式起重机单位技术档案。设备技术档案是设备管理的重要基础资料，是全面记录设备运转、保养、维修、油品更换，操作人员变动及主要备品、备件更换情况的有效手段，使用单位应对每台塔式起重机建立完整的技术档案。

②坚持持证上岗制度。塔式起重机的操作和指挥人员必须经过专门的安全技术培训，经考试合格取得操作证后方可上岗。严禁非操作人员、非专业指挥人员和无证人员上岗作业。此条是使用环节中最关键和根本的条件。

③加强塔式起重机运行记录管理。塔式起重机操作人员要认真做好设备运行记录的填写，确保填写信息及时、真实和准确。

④加强日常检查和保养工作。塔式起重机操作人员要按设备管理制度的规定认真对塔式起重机进行日常检查，要全面细致地检查，重点部位、重要装置要认真仔细检查，发现问题应及时处理。要严格执行维护保养制度，做好塔式起重机的维修保养工作。要坚持定期保养制度和定项检修制度，坚持按维修、保养规程对塔式起重机进行维修和保养。

⑤严格按照塔式起重机使用说明书标明的技术性能参数进行作业。塔式起重机使用说明书标明的起重量性能曲线和技术性能参数，是使用和操作塔式起重机的重要依据。塔式起重机操作人员在作业中应严格根据构件和重物的重量、吊运、安装位置核定额定起重量，严禁超限、超载使用。

⑥严格按照塔式起重机安全操作规程作业。塔式起重机操作人员在作业中要严格遵守"十不吊"和交接班制度的规定。对于重要的起重安装作业，事前应有周密详细的技术方案和安全保障措施，操作中应有专人在施工现场负责安全。

⑦塔式起重机安全装置齐全有效。塔式起重机操作人员应经常检查塔式起重机力矩限制器等安全装置是否有效。对力矩限制器应定期保养、校核，不得擅自调整，严禁拆卸。

3. 加强塔式起重机的设备管理

通过加强对塔式起重机的采购、租赁环节的管理，从源头上杜绝质量低劣的设备进入施工企业和施工现场，避免造成不良后果和损失。

①购买、租赁塔式起重机时，要选购、租赁有政府主管部门颁发生产许可证厂家的对应型号的塔式起重机。

②认真执行国家和行业等政府主管部门关于淘汰更新老旧设备的规定，及时淘汰更新该类设备。凡国家和各级政府明令淘汰的各种塔式起重机必须停止使用。

③购买的塔式起重机到货验收时,要把好验收关。

④加强对塔式起重机操作、指挥和管理人员的教育培训。建筑施工企业及其项目部要高度重视塔式起重机的操作、指挥和拆装人员的教育培训,形成制度。结合典型事故案例,重点进行安全法规、相关标准规范、塔式起重机管理制度、塔式起重机拆装工艺、塔式起重机操作规程等方面的教育培训,确保全体作业人员都能达到技术和安全管理制度的要求。

第二节　塔式起重机"滑钩"事故发生的原因和防范措施

吊在空中的物料突然失控掉下,通常把这种现象称为"滑钩"。重物突然下坠和倒塔一样威胁到生命和财产的安全,必须引起高度重视。

一、"滑钩"事故的主要原因

1. 使用维护管理不善方面的原因

(1)起重量限制器失效　不重视起重量限制器的维护保养,不调节好起重量限制器就使用,有的甚至故意不用,或加大限制值,使其起不到应有的限制保护作用。塔式起重机的起升机构,往往是多速运行,重载低速,轻载高速,在低速情况下吊起来的物件,吊到一定的高度后,如切入到高速,就有可能吊不起来,而产生向下溜车。当装有起重量限制器时,这时它就会自动切换回低速,而没有起重量限制器就没有这个功能。溜车时驾驶员若处理得当,打回低速,还不致造成事故,但不熟练的操作者,操作不当,就会造成快速下坠事故。

(2)起升机构制动器失调或制动力矩不足　起升机构制动器没调好,太松。当起升电动机断电,即起升机构不工作时,吊钩上的吊物下滑;或在超重情况高速下放时,产生溜车下坠。尤其是盘式制动起升机构,更容易发生这种事故。电磁铁抱闸制动器也容易损坏,造成突然溜车下坠。

(3)电磁离合器失效　起升机构选用绕线转子电动机加带电磁离合器换档减速机的塔式起重机,如果在提升或下降过程中,吊物突然失控掉下,说明电磁离合器失效或打滑。由于电路故障,超载使传递扭矩超过电磁离合器的最大值,电磁离合器摩擦片烧伤、拉毛、翘曲和电磁离合器摩擦片之间存在杂物,都是电磁离合器失效的直接原因。

(4)自动换倍率装置切换不到位和未加保险销　自动切换倍率装置,由2倍率换4倍率时切换不到位,也没注意检查,或者没有加保险销,在起吊中,活动滑轮会突然下落,引发重大事故。

(5)未能及时对钢丝绳安全检查　钢丝绳打扭乱绳严重,没有及时排除而强行使用;钢丝绳沾上砂粒,又没有抹润滑油;磨损严重,有断股现象,又没有及时更换引起断绳下坠;因吊钩落地,钢丝绳松动反弹,钢丝绳跳出卷筒外或滑轮之外,严重挤伤或断股,又没有及时更换;在满载或超载起吊时,引发断绳下坠;钢丝绳末端绳扣螺母没有锁紧,使绳头从中滑出。

2. 产品质量方面的原因

①起升机构卷筒直径太小,又长又细,一方面使起升绳偏摆角太大,容易乱绳;另一方面钢丝绳缠绕直径小,弯曲度太大,弯曲应力反复交变,容易产生脆性疲劳。过大的弯曲也容易反弹乱绳,增加钢丝绳的磨损。

②起升卷筒和滑轮,没有设置防止钢丝绳跳出的挡绳板,或者挡绳板与轮缘距离太大,不能有效地阻止钢丝绳跳出。

③自动换倍率装置没有设置防脱扣的保险销。

④起升钢丝绳运动中某些地方和钢结构有轻微摩擦干涉现象,导致钢丝绳磨损过快。

⑤起升机构采用电磁铁换档调速的塔式起重机,电磁换档离合器质量不过关,容易磨损打滑。

⑥有些起升机构,仍然在使用带橡胶圈的销轴式联轴器(即弹性套柱销联轴器),在反复交变负载下,连接销很容易破坏,发生吊重下坠。

二、"滑钩"事故的防范措施

(1)调整好制动器　使制动行程在规定的范围内,确保制动可靠。如制动瓦摩擦片的磨损达到磨损极限要及时更换。液压推杆电动机的油质应定期检查,油脏或变质应及时更换油。

(2)严格禁止电工擅自改变电气线路　起保护作用的欠电流继电器的电流整定值应符合塔式起重机使用说明书中的规定。如欠电流继电器动作,应查明引起动作的原因,绝对不允许用短接常开触点的做法掩盖引起故障的实质。引起欠电流继电器动作的原因及纠正措施如下:

吊物质量超过了塔式起重机高速档所允许的载重量,这时操作人员应转换到低速档恢复工作;供给电磁离合器的直流电压偏低,电压值应在额定值的-15%～$+5\%$范围内;对于电磁离合器,如果仅是摩擦片烧伤、拉毛和翘曲,更换摩擦片即可;电磁离合器磁力线圈断路或其他故障,如控制电磁离合器的开关或接触器触点存在接触不良、电磁离合器滑环与电刷之间接触不良等,则需更换电磁离合器。一般地说,凡用电磁换档的起升机构,不允许满负荷空中换档。

(3)做好起重量限制器的调整　试验高速档电磁离合器的可靠性,分别把起重量限制器上高速档的限位开关和低速档的限位开关,限制在规定的范围内。

(4)保持减速箱中油质的清洁　定期检查减速箱内的润滑油,一般减速箱内润滑油的使用周期约为1500小时。如油脏或变质,应及时更换。冬季使用HJ—20机械油,夏季使用HJ—40机械油。换油时应用汽油清洗减速箱并反复冲洗摩擦片,清除摩擦片中的杂质。

（5）停机换档　操作人员在操作时,如高速档自动停止工作,应先将重物放至地面,把操作手柄恢复到零位,使起升电动机断电,再将转换开关转换到低速档位置。绝对不允许在电动机运行过程中换档。

（6）及时停机　操作人员在操作过程中应集中精力,一旦发现有"滑钩"迹象,应立即将操作手柄扳回到零位,由制动器阻止吊钩继续下滑,并及时报修。

第三节　塔式起重机的其他事故发生的原因和防范措施

一、塔式起重机的安全用电

1. 塔式起重机安全用电的基本要求

塔式起重机的动力为电力,施工现场工作环境比较复杂,因此对塔式起重机的用电要有特定的安全要求。

①塔式起重机必须设置单独的电源开关,严禁其他设备与塔式起重机共用一个电源开关,以避免因塔式起重机的错误动作发生事故危险。当塔式起重机不工作或检修时,应当将铁壳开关拉闸。

②要保护好塔式起重机的供电电缆,特别是行走式塔式起重机必须更加注意保护。电缆经过人和车的通道处,一定要架空或者套上钢管埋入地下。要常常检查电缆是否有摩擦或被尖锐物品刮破,以避免触电事故发生。

③控制电路和动力电路要用电源变压器分开,而且控制电路的电压应在48V以下。

④塔式起重机的工作区,一定要避开高压线,吊钩和钢丝绳不应该跨越电线。

⑤要学习和掌握触电解救方法及电气着火的灭火方法,一旦触电事故或电气着火发生时,能够果断及时地采取正确的处理办法。

2. 触电解救的方法

当发现有人触电时,应当尽快让触电者脱离电源,切断通过人体的电流。

（1）低压设备（对地电压250V以下）触电　应迅速地拉下电源开关、闸刀或拔下电源插头。当电源开关较远不能立即断开时,救护人员可以使用干的木板、木棒或其他不导电物体做工具,拨开电线或拉动触电者,使触电者与电源分开,但不能用金属或潮湿的物件做工具。如果触电者因抽筋而紧握导电体,无法松开时,可以用干燥的木柄斧头、木把榔头、胶柄钢丝钳等绝缘工具砍断电线,切断电源。解救时应一只手进行,以免双手形成回路。

（2）高压设备触电　应当立即通知有关部门拉闸断电,并做好各种抢救的准备。如此法不可行时,可采取抛掷裸体金属软线的方法使线路短路接地,迫使保护装置跳闸动作,自动切断电源。特别注意抛掷金属线前,应将软线的一端可靠地接地,然后抛掷另一端。

(3)高位触电　如果触电者在塔式起重机上所处位置较高,必须防止断电后触电者从塔式起重机高处摔下来,并同时采取防止摔伤的安全措施。即使在低处,也要防止断电后触电者摔倒碰在坚硬的钢架或结构物上。

(4)夜晚触电　如果触电事件发生在夜晚,断电后会影响照明,应当同时准备其他照明设备,以便进行紧急救护工作。

触电者脱离电源后,应争分夺秒紧急救护。如果触电者已停止呼吸,但心脏仍在跳动,应立即实施人工呼吸进行急救。即使心跳和呼吸都停止,也不能认为已经死亡,仍要进行抢救,并尽快送医院。

二、电气火灾的扑灭

在工地上,由于过流、短路等种种原因,容易发生电气火灾;特别是夜间工地,不易发现事故苗头,而工地上建材又多,更容易引起火灾。

当发生电气火灾时,要迅速切断电源,并在切断电源时要防止人身触电。

电气灭火不能用水和泡沫灭火器灭火,因为水和溶解的化学药品有利于导电;只能用二氧化碳、四氯化碳和干粉灭火,还可以用干黄沙灭火。

操作灭火器,应站在风的上方,即朝向顺风方向。要求穿戴绝缘劳动保护用品,并要采取防毒和防窒息的措施;在可能条件下,注意尽量保护好电器设备。

三、塔式起重机其他事故的发生原因和防范措施

1. 变幅小车单边走轮脱轨

变幅小车从起重臂上掉下来或半边挂在空中。发生这种事故有两个方面的原因:小车单边负荷过大,另一边被抬起,使轮缘脱离轨道单边滑动;小车没有设置防下坠卡板或者卡板制作不符合要求,侧面间隙过大,没有起到限位作用。

2. 吊重撞人

吊重撞人主要是指挥人员或操作人员对吊重和臂架惯性估计不足引起,没有及时停车,或者现场人员直接用手去推或拉重物,想让重物停下来。这种现象在场地受限制,缺乏退路的情况下更容易发生。斜拉起吊,当重物离地时容易摆动撞人。

3. 人员从高空掉下来

人员从高空掉下来,多是有关人员不注意安全保护。比如不带安全带到危险地方去;不穿工作鞋上高空;还有的人不从爬梯上下,而从标准节外上下;有的人攀吊钩或站在吊重篮内上下。

4. 小件物品坠落伤人

塔式起重机在安装过程中,对于工具、螺钉、螺帽、销轴和开口销之类的小件物品,一般要求安装人员把这些小件物品装在工具袋内。但很难避免在安装中拿出来,搁在某个地方,安装完后,没有及时清理干净,因此在塔式起重机安装和使用中,往往就会发生小件物品掉下伤人的事故。

以上安全事故防范的最根本的措施是施工人员要树立安全自保意识,严格遵守塔式起重机的各项安全规程。施工单位加强安全教育和安全检查力度,强化安全意识和普及相关安全知识。

四、塔式起重机施工现场人员的安全注意事项

预防塔式起重机事故不仅与操作人员和指挥人员直接有关,也与建筑工地现场人员直接有关。工地负责人应该经常对所有现场工作人员宣传安全保护知识。

①进入工地现场人员都应当戴好安全帽。

②非塔式起重机操作人员或维护人员不得去拨动任何电气开关,不得随意拆除工地上的电线。

③严禁地面人员站在起重臂下。

④上塔辅助工作人员,不得随意向下面掷物体。

⑤工作人员不得攀着吊钩上下,也不许站在吊篮内上下。

⑥所有人员,不得沿着塔身外沿上下,有必要上下,应走爬梯。

⑦当塔式起重机的吊重还没有到位或停止摆动时,不可以用手去抓所吊物件。起吊时,严禁斜拉起吊。

⑧一旦发生被吊物体突然坠落或臂架往下落时,不要顺着臂长方向跑,而应当向侧面方向跑。

⑨在塔式起重机运行中,任何人不得沿塔式起重机随意上下,有必要上下时,应先与驾驶员打招呼,停止操作时再上下。

⑩非塔式起重机指挥人员,不得随意指挥塔式起重驾驶员工作。

参 考 文 献

〔1〕住房和城乡建设部工程质量安全监管司．塔式起重机司机[M]．北京:中国建筑工业出版社,2009.

〔2〕建设部人事教育司．塔式起重机驾驶员[M]．北京:中国建筑工业出版社,2007.

〔3〕张凤山,董红光．塔式起重机构造与维修[M]．北京:人民邮电出版社,2007.

〔4〕现代企业安全操作规程标准与技术丛书编委会．塔式起重机安全操作规程标准与技术[M]．北京:中国劳动社会保障出版社,2009.

〔5〕住房和城乡建设部工程质量安全监管司．塔式起重机安装拆卸工[M]．北京:中国建筑工业出版社,2010.

〔6〕张应立．塔式起重机安全技术[M]．北京:中国石化出版社,2008.